全球生物安全发展报告

（2017~2018年度）

王 磊 张 宏 王 华 主编

科学出版社

北京

内 容 简 介

本书系统地阐述了2017～2018年度全球生物安全领域发展态势，包括全球生物安全威胁形势、国外生物安全管理、国外生物安全应对能力建设、国外生物安全技术进展等四部分内容。同时，对美国《国家生物防御战略》《合成生物学时代的生物防御》《生物安保与生物防御政策路线图》及英国《国家生物安全战略》等重要专题内容进行了深入解析。

本书可以为我国从事生物安全管理与研究的各级决策部门、科研院所科技人员、大专院校师生及关注生物安全的社会公众提供参考。

图书在版编目（CIP）数据

全球生物安全发展报告. 2017～2018年度 / 王磊, 张宏, 王华主编. —北京：科学出版社，2019.10
ISBN 978-7-03-062880-0

Ⅰ.①全… Ⅱ.①王…②张…③王… Ⅲ.①生物工程－安全管理－研究报告－世界－2017～2018 Ⅳ.① Q81

中国版本图书馆 CIP 数据核字（2019）第 237403 号

责任编辑：盛 立 / 责任校对：张小霞
责任印制：肖 兴 / 封面设计：陈 敬

斜 学 出 版 社 出版
北京东黄城根北街 16 号
邮政编码：100717
http://www.sciencep.com

北京九天鸿程印刷有限责任公司 印刷
科学出版社发行 各地新华书店经销

*

2019 年 10 月第 一 版 开本：787×1092 1/16
2020 年 4 月第二次印刷 印张：11 3/4
字数：260 000

定价：138.00 元
（如有印装质量问题，我社负责调换）

编 写 人 员

主　　编　王　磊　张　宏　王　华
副 主 编　张　音　李丽娟　刘　术　王小理　王　燕
编　　者　（按姓氏笔画排序）

马延和　王　华　王　荣　王　磊　王　燕
王小理　王中一　王钦宏　付　钰　刘　术
刘　刚　刘　伟　刘　君　刘　晓　江会锋
闫桂龙　阮梅花　李　寅　李丽娟　李晓倩
吴曙霞　辛泽西　张　宏　张　音　沈晓旭
陆　兵　陈　婷　陈惠鹏　周　巍　娄春波
高云华　崔姝琳　蒋大鹏　蒋丽勇　楼铁柱
魏晓青　魏惠惠

前　言

　　近两年，全球生物安全治理格局发生新变化。美国密集推出《国家生物防御战略》《应对大规模杀伤性武器恐怖主义国家战略》《合成生物学时代的生物防御》等系列战略政策，英国也出台《国家生物安全战略》，不仅将生物安全上升为国家安全的重要支柱，并在此基础上建立了一整套措施和制度，引发国内外广泛关注。同时，埃博拉病毒、尼帕病毒、黄热病毒、西尼罗河病毒和拉沙热病毒等引发传染病频繁发生，基因编辑婴儿、基因驱动昆虫等生物技术谬用案例震惊全球，蓖麻毒素恐怖活动袭击美国、法国、德国等，表明生物安全作为新兴非传统安全威胁已对国家安全提出全新挑战，需要以全球视野、全局观念、全维视角来梳理分析两年来国际生物安全的发展动态，为提升我国生物安全防御能力提供参考借鉴。

　　本书聚焦2017～2018年重要生物安全事件，以及美国、英国等世界大国和联合国等国际组织生物安全领域的发展趋势和前沿动态，从威胁形势、战略管理、能力建设和创新技术等方面进行了系统阐述，并针对合成生物学和生物安全、美国发布基因组编辑生物安全研究报告、俄罗斯指控美国在格鲁吉亚建立"生物武器实验室"等热点事件进行了专门分析，希望能对从事生物安全领域研究与管理的专家学者全面系统地了解全球发展趋势和前沿动态提供有益的参考借鉴。

　　本书由国内生物安全领域多家优势单位专家共同编撰完成。书中内容难免有疏漏之处，敬请读者批评指正。

编　者

2019年5月

目　　录

第一篇　领域发展综述

第一章　全球生物安全威胁形势 ……………………………………………… 3
　　一、重大传染病疫情 ……………………………………………………… 3
　　二、生物恐怖袭击 ………………………………………………………… 8
　　三、生物战威胁 …………………………………………………………… 10
　　四、生物技术谬用与误用 ………………………………………………… 13
　　五、实验室生物泄漏 ……………………………………………………… 21
　　六、物种生物安全 ………………………………………………………… 25
　　七、人类遗传资源安全 …………………………………………………… 27
第二章　国外生物安全管理 …………………………………………………… 32
　　一、生物安全战略与计划 ………………………………………………… 32
　　二、国际生物军控多边进程 ……………………………………………… 35
　　三、生物安全规约与监管 ………………………………………………… 39
第三章　国外生物安全应对能力建设 ………………………………………… 44
　　一、高等级生物安全实验室建设 ………………………………………… 44
　　二、生防产品研发 ………………………………………………………… 45
　　三、政府生防投入 ………………………………………………………… 58
第四章　国外生物安全技术进展 ……………………………………………… 62
　　一、合成生物学 …………………………………………………………… 62
　　二、基因编辑 ……………………………………………………………… 70
　　三、功能获得性研究 ……………………………………………………… 78
　　四、基因驱动 ……………………………………………………………… 85

第二篇　专题分析报告

第五章　美国《国家安全战略》中生物安全内容解析 ………………………… 95
　　一、《战略》的主要内容 …………………………………………………… 95
　　二、《战略》中生物安全内容简析 ………………………………………… 95

第六章　美国《国家生物防御战略》解读···97
　　一、《战略》的主要内容 ···97
　　二、《战略》的特点分析 ···98
　　三、启示 ···99

第七章　美国《合成生物学时代的生物防御》报告分析···················100
　　一、报告主要内容介绍 ···100
　　二、美国技术优势明显 ···101
　　三、启示与思考 ··103

第八章　美国《生物安保与生物防御政策路线图》解读···················104
　　一、报告背景：新生物技术发展前景 ··104
　　二、研究方法和过程：基于政策系统性评估 ···································105
　　三、主要观点与建议 ··108
　　四、评价与启示 ··112

第九章　英国《国家生物安全战略》分析····································113
　　一、战略出台背景 ···113
　　二、战略主要内容 ···113
　　三、战略特点分析 ···116

第十章　美国生物盾牌计划研究进展··117
　　一、基本情况 ···117
　　二、生物盾牌计划实施十年进展 ··119
　　三、未来发展面临的问题 ···123

第十一章　合成生物与生物安全···125
　　一、合成生物安全研究的重要意义 ···125
　　二、合成生物安全的现状与问题 ··126
　　三、合成生物的生物安全性研究策略 ··128
　　四、合成生物的生物安全性政策与法规建议 ···································130
　　五、结束语 ··130

第十二章　关于功能获得性研究的争议焦点及出路探寻···················131
　　一、"功能获得性研究"的定义 ···131
　　二、功能获得性研究进展 ···132
　　三、功能获得性研究的争议焦点 ··132
　　四、对策建议 ···135

第十三章　美国科学院发布生物两用性研究现状与争议的报告············137
　　一、研究和交流工具发生变化 ··137
　　二、美国的两用性研究监管存在不足 ··137
　　三、两用性研究发表的审查机制不完善 ···138
　　四、对两用性研究教育和培训重视不够 ···138

第十四章　美国智库报告可降低全球灾难性生物风险的技术············140

一、全球灾难性生物风险的内涵 ……………………… 140

二、研究团队概况 …………………………………… 140

三、技术内容 ………………………………………… 141

四、启示建议 ………………………………………… 142

第十五章　美国学者发布基因组编辑生物安全研究报告 …………… **144**

一、报告的研究背景 ………………………………… 144

二、研究报告的主要内容 …………………………… 144

第十六章　美国科学家开发出炭疽鼠疫两用疫苗 ………………… **148**

一、基本情况 ………………………………………… 148

二、主要研究结果 …………………………………… 149

三、重要意义 ………………………………………… 149

第十七章　俄罗斯指控美国在格鲁吉亚建立生物武器实验室 ……… **151**

一、事件背景 ………………………………………… 151

二、俄方指控的主要内容 …………………………… 151

三、美国回应 ………………………………………… 153

第十八章　德法科学家质疑美开展生物武器研究 ………………… **154**

一、"昆虫联盟"项目概况 ………………………… 154

二、"昆虫联盟"项目的风险 ……………………… 154

三、两用研究的困境 ………………………………… 156

第十九章　我国生物安全净评估浅探 …………………………… **157**

一、生物安全形势基本评估 ………………………… 157

二、生物安全关键非对称点 ………………………… 159

三、影响生物安全形势不确定影响因素分析 ……… 161

四、新问题领域与关键机遇 ………………………… 163

五、未来10~20年我国生物安全形势：3种想定 …… 165

六、结论与展望 ……………………………………… 166

第二十章　我国人类遗传资源管理 ……………………………… **167**

一、人类遗传资源管理法律法规 …………………… 167

二、我国人类遗传资源管理工作 …………………… 168

三、人类遗传资源管理未来发展前景 ……………… 169

第二十一章　我国高等级生物安全实验室的建设与管理 ………… **171**

一、我国生物安全实验室建设 ……………………… 171

二、我国生物安全实验室管理 ……………………… 173

1

第一篇

领域发展综述

第一章

全球生物安全威胁形势

生物安全涉及范围广泛，通常包括重大传染病疫情、生物恐怖袭击、生物战威胁、生物技术谬用与误用、实验室生物泄漏、物种生物安全、人类遗传资源安全等，本章主要概述2017年和2018年全球生物安全威胁的进展。

一、重大传染病疫情

新发、突发传染病的不断出现给人类带来了新的严重威胁，其传播范围广、传播速度快、社会危害大，已经成为全球公共卫生领域关注的重点和热点。目前全球表现出新发传染病和传统传染病交替并存的格局。2017～2018年，世界各国暴发或持续的重大传染病疫情主要有埃博拉、寨卡、登革热、中东呼吸综合征、霍乱、黄热病等，鼠疫、沙拉热、尼帕病毒病等传染病也时有发生，对全球生物安全形势造成了重大威胁，为国际社会带来了巨大损失。

（一）埃博拉疫情

2014年，西非地区暴发了有史以来最严重的埃博拉疫情，造成至少1.13万人丧生，世界卫生组织将其列为对人类危害最严重的疾病之一。埃博拉疫情主要在西非三国塞拉利昂、几内亚和利比里亚大规模暴发，感染病例在2014年10月达到顶峰，随后速度趋缓。2016年3月29日，世界卫生组织宣布埃博拉疫情不再构成突发公共卫生事件，并分别于3月和6月宣布西非三国疫情结束。

2017年非洲中部刚果（金）和乌干达等地报道了埃博拉确诊病例，未发生大规模聚集性疫情，对全球卫生安全威胁较小。2018年刚果（金）再度多次暴发埃博拉疫情，截至2018年12月26日，共报告病例591例，病死率为60%，为埃博拉-扎伊尔型。其中54名医务人员感染，14人死亡。疫情中心从最初的农村地区转移至城市，儿童和女性感染比例较高[1]。

在2018年刚果（金）的埃博拉疫情中，首次使用试验性药物mAb114、Remdesivir、ZMapp和Regn3450-3471-3479等治疗患者[2]。由于疫区与乌干达、卢旺达和南苏丹等国

---

1 https://www.who.int/ebola/situation-reports/drc-2018/en/

2 https://www.who.int/csr/resources/publications/ebola/vaccines/en/

家接壤，乌干达于2018年11月7日在高风险区为医务人员和前线工作人员接种疫苗，成为第一个没有暴发疫情就开展疫苗接种的国家，卢旺达和南苏丹正在为疫苗接种做准备。

（二）寨卡疫情

2015年5月，寨卡（Zika）病毒感染在巴西等美洲国家出现大规模暴发，疫情迅速蔓延至整个美洲大陆，中南美洲成为当时疫情暴发的重灾区，引起全球高度关注。2016年年初，24个国家和地区有寨卡疫情报道，世界卫生组织宣布寨卡疫情为全球紧急公共卫生事件。

寨卡病毒属于黄病毒属黄病毒科，是一种主要由伊蚊传播的虫媒病毒。寨卡病毒感染者中，只有约20%会表现轻微症状，典型的症状包括急性发作的低热、斑丘疹、关节疼痛（主要累及手、足小关节）、结膜炎，其他症状包括肌痛、头痛、眼眶痛及无力。2015年巴西的寨卡病毒疫情中发现了很多小头畸形的新生儿。

截至2017年1月5日，寨卡疫情已经波及69个国家和地区。58个国家和地区是首次出现寨卡病例，13个国家报道了人际传播病例，29个国家报道了与寨卡病毒相关的婴儿小脑症，21个国家报道了与寨卡病毒相关的格林-巴利综合征（GBS）。2017年5月之后，全球报道的新增病例较少，2018年寨卡病毒疫情整体趋缓，基本上处于可控之中[3]。寨卡疫情此前主要集中在美洲和加勒比海地区，也包括部分东南亚和南亚国家，如泰国、越南、新加坡、马来西亚、菲律宾、印度尼西亚、柬埔寨、老挝、马尔代夫和印度等国家。2017年5月之后，感染范围缩小。东南亚及南亚是疫情较为集中的地区，但发生率很低。总体来看目前寨卡疫情对全球的安全威胁相对较小。

寨卡病毒还可通过性传播和垂直传播，传播媒介和途径都难以掌控，因此短时间难以彻底消除。世界卫生组织建议完善和加强监测体系，蚊媒分布广泛的地区需加强蚊媒控制，密切关注疫情发展，持续深入开展寨卡疫情及其并发症的治疗研究，为寨卡疫情的防控做好准备。

（三）登革热疫情

登革热是通过蚊传播的急性病毒性传染病，近年来有蔓延全球的趋势，已经发展成全球公共卫生问题之一。目前，东南亚、美洲、西太平洋、非洲及地中海等100多个国家和地区均已出现感染病例，且发生率较过去50年增加了30倍。

2017年东南亚、美洲及非洲地区疫情起伏较大。上半年疫情平稳，中期上涨迅速；下半年，多国进入登革热流行季节。截至2017年8月11日，泛美洲地区累计通报368 159例登革热疑似病例，确诊49 039例，死亡196例；亚洲累计通报死亡339例。11月之后，马来西亚、越南等地疫情趋缓，截至2017年11月12日，越南累计通报166 994例登革热病例，含30例死亡。布基纳法索疫情持续蔓延，截至11月11日，该国累计报告12 087例病例，24例死亡病例。在不同地区和国家，登革热在人群中的分布不尽相同。在泰国，疫情对老年人影响较大，发病率较高。在巴西，疫情则偏向儿童转移，成年人

3　https://www.who.int/en/news-room/fact-sheets/detail/zika-virus

因多次免疫集聚导致感染易感性下降，降低了二次感染概率。

2018年年中开始，东南亚和南亚多国又进入登革热流行季节，泰国和孟加拉国较去年同期病例数增多，斯里兰卡、越南和印度较去年同期减少。截至2018年11月3日，美洲地区共报告病例446 150例，实验室确诊病例171 123例，死亡240例，其中巴西病例占总数的49%。法属留尼汪岛年初开始病例数急剧增加，截至11月11日，已报告病例6670例，超过自2010年以来每年报告的病例数。

在过去几十年，有关登革热病毒学、发病机制、免疫学、药物、疫苗和新媒介控制策略方面的研究已相对成熟。近期进展主要集中于预防性疫苗的研究上。登革热病毒现已知有四种血清型，目前疫苗研制的难题之一是疫苗对不同的血清类型免疫性不强。另外病毒感染的生理学原理尚未完全明确，亦缺少特异性动物模型，新疫苗上市步履维艰。目前相关研究多集中在四价登革热疫苗的研制方面，但四价疫苗刺激引起的免疫应答平衡及安全性问题亟待解决。活减毒、灭活病毒、重组蛋白、DNA疫苗都是当前较为热门的候选疫苗[4]。

（四）中东呼吸综合征疫情

自2012年至2018年11月30日，全球共有27个国家和地区报告了中东呼吸综合征（MERS）病例2274例，病死率为35.4%。该病主要发生于中东地区，其中83%的病例来自于沙特阿拉伯。

2017年和2018年全球中东呼吸综合征疫情相对平稳。中东国家特别是沙特阿拉伯，持续报告聚集性发病和散发病例，总体疫情未超过往年同期水平，但世界卫生组织仍对中东呼吸综合征疫情保持警惕并持续监测。世界卫生组织建议，为预防中东呼吸综合征在卫生机构内的传播，要做好感染预防和控制措施，在无明确诊断的情况下，卫生工作者在面对所有患者时均应做好标准防护。由于缺少社区持续性人际传播的证据，因此世界卫生组织并不建议采取旅行或贸易限制，但来自或前往疫情国家的旅行者需提高对该疫情的认识[5]。

（五）霍乱疫情

霍乱由霍乱弧菌引起，通过被粪便污染的水传播，是一种急性腹泻性传染病，霍乱弧菌产生的霍乱毒素可在数小时内造成人体大量脱水，甚至死亡。全球每年霍乱病例总数达1300万～4000万例，死亡病例为2.1万～14.3万例。

2017年以来，非洲多国暴发霍乱疫情，形势严峻。也门、南苏丹、苏丹、海地、尼日利亚等地疫情严重，另外还有刚果（金）、坦桑尼亚、布隆迪、肯尼亚、索马里、埃塞俄比亚、利比里亚、喀麦隆、科特迪瓦等多个非洲国家报告感染病例，疫情已经蔓延到非洲大多数国家[6]。2018年9月以来，非洲之角和亚丁湾地区疫情加剧。其中也门疫情规模最大。截至11月8日，也门共报告913 741例霍乱疑似病例，其中50%是儿童，

---

4 https：//www.who.int/denguecontrol/en/

5 https：//www.who.int/csr/don/archive/disease/coronavirus_infections/en/

6 https：//www.who.int/wer/2017/wer9236/en/

累积死亡病例2196例[7]。该国受安全局势影响，疫情控制工作遭受较大阻碍。联合国负责人道主义事务的副秘书长兼紧急救济协调员洛考克10月24日称，也门霍乱疫情一直没得到有效控制，已经达到了"极为可怕"的程度，联合国向也门提供了13亿美元的医疗援助，主要用于救治霍乱患者和防止疫情蔓延。

严格隔离、迅速补充水及电解质，辅以抗菌治疗和对症处理是霍乱治疗的基本原则。应用预防性疫苗是霍乱预防和疫情控制的主要和长效手段。目前世界卫生组织认可的三种口服霍乱疫苗分别为Dukoral、Shanchol和Euvichol。上述三种疫苗需口服两剂才能获得防护。

自2013年，全球疫苗免疫联盟（GAVI）及相关支持机构可在全球范围内为霍乱高发地区提供口服霍乱疫苗。2015年，世界卫生组织支持孟加拉国、喀麦隆、海地、伊拉克及南苏丹等地开展大规模疫苗免费接种。全球霍乱控制特别工作组（The Global Task Force on Cholera Control，GTFCC）是全球霍乱防治的重要机构，一直呼吁国际组织、非政府组织及研究机构加强合作，共同实施霍乱的控制策略。目前，根据疫情变化制订应对霍乱的技术指南、在全球范围内开展霍乱监测与防控工作，以及督促和协助霍乱疫情高发的国家开展防控工作是该机构现阶段工作的重中之重。

也门持续内战严重破坏了该国基础医疗体系，国外医疗援助机构也望而却步，可以预见在将来很长一段时间，也门霍乱疫情还将进一步恶化。非洲多国疫情趋缓的可能性不大，霍乱仍然是世界许多地区较为严重的公共卫生问题。

（六）黄热病疫情

2018年年初，巴西暴发黄热病疫情。该国从2017年7月开始报告病例，12月病例数明显增多。截至2018年5月12日，巴西报告病例1266例，死亡415例，病死率为32.8%。大部分病例来自圣保罗州和米纳斯吉拉斯州。同期，非人灵长类动物中报告确诊病例752例，其中圣保罗州占80.2%。巴西发生疫情期间，荷兰、法国、阿根廷、智利、罗马尼亚和瑞士等国家报告了从巴西输入的病例[8]。随着世界卫生组织将圣保罗州划为黄热病传播风险区，巴拉那、圣卡塔琳娜和里约热内卢州也被划为黄热病传播风险区。该国卫生部将全国划为疫苗推荐接种地区，并逐步扩大疫苗覆盖范围。

非洲地区，尼日利亚从2017年9月开始暴发黄热病疫情，截至2018年11月11日，全国共报告病例3456例，死亡55例，病死率为1.6%。2018年下半年，刚果（布）、刚果（金）、利比里亚、中非共和国、埃塞俄比亚和南苏丹均发生黄热病疫情。另外，法属圭亚那也报告了黄热病确诊病例。

黄热病多见于撒哈拉沙漠以南的非洲和中美洲、南美洲热带地区。巴西疫情主要的受影响地区为以往没有推荐接种疫苗的地区，因此，之前认为没有传播风险的地区和疫苗覆盖率低的地区可能存在潜在蔓延。尼日利亚报告的疑似病例中，大部分病例的年龄在20岁及以下。该国传播风险较高，蔓延至邻近区域的风险为中等水平。

7　https：//www.who.int/wer/2018/wer9338/en/

8　https：//www.who.int/csr/disease/yellowfev/en/

（七）其他疫情

2017 ～ 2018年引发国际社会关注的还有以下几种疫情。

马达加斯加鼠疫疫情：2017年8月，马达加斯加暴发50年来最严重的鼠疫疫情，安塔那那利佛等人口密集的沿海城市是疫情高发地区。截至2017年10月11日，马达加斯加通报该国新增51例鼠疫病例（其中肺鼠疫病例29例），死亡人数新增6例，自8月份以来病例总数为500例，死亡总数为54例。10月中旬之后疫情趋缓。截至目前，官方共报告肺鼠疫390例，腺鼠疫355例，未确定类型207例。肺鼠疫占比较高是此次疫情的特点之一，也让疫情的防治变得更加困难[9]。

马尔堡出血热疫情：2017年10月17日乌干达东部出现马尔堡出血热疫情，该国卫生部于10月19日正式宣布疫情暴发。截至11月3日，奎恩区报告的3例病例（其中2例确诊）已死亡，病死率为100%，这些病例均来自同一个家庭。另外，11月1日，肯尼亚跨恩佐亚县通报1例马尔堡出血热疑似病例，患者样本已被送往肯尼亚医学研究院做进一步检测[10]。

西尼罗河热疫情：2018年欧洲地区和美国的总体疫情超过去年同期水平，从8月份开始，感染病例数急剧增加。欧洲地区西尼罗河热流行季节比往年提前，且病例数超过既往7年病例数总和。截至12月13日，欧洲报告人类感染病例2083例，目前累计病例数已超过既往7年病例数总和。大部分病例来自意大利（576例）、塞尔维亚（415例）、希腊（311例）、罗马尼亚（277例）和匈牙利（215例）。死亡181例，主要来自希腊（47例）、意大利（46例）、罗马尼亚（43例）和塞尔维亚（35例）。截至2018年12月11日，美国共有49个州和哥伦比亚特区报告人类、鸟类或蚊虫感染西尼罗河热病毒病例。其中人类感染病例2475例，死亡124例[11]。

拉沙热疫情：2018年年初西非国家尼日利亚、贝宁和利比里亚发生拉沙热疫情，加纳也报告了病例，塞拉利昂于年中发生疫情。尼日利亚疫情是该国规模最大的一次，截至2018年11月25日，全国22个州共报告病例3142例，其中确诊568例，死亡144例，病死率4.6%。疫情暴发时存在全国传播及蔓延至邻国的风险，区域层面传播风险为中等水平。贝宁暴发期间，该国处于高度警戒状态。

尼帕疫情：印度于2018年5月19日报告该国南部的喀拉拉邦发生尼帕病毒感染。此次印度共报告病例19例，死亡17例，这是印度第三次报告尼帕病毒感染，前两次分别在2001年和2007年。尼帕病毒是一种新出现的人兽共患病毒，病死率40% ～ 75%。果蝠是其天然宿主，广泛分布于印度且存在迁徙现象，因此暴露风险为高水平。印度和孟加拉国首次发现尼帕疫情均在2001年。由于疫情较局限，印度具有控制疫情的经验和能力，本次尼帕疫情只是一个本地事件。目前没有针对尼帕病毒感染的疗法和疫苗，以支持性治疗为主[12]。

9　https：//www.who.int/csr/disease/plague/en/

10　https：//www.who.int/csr/disease/marburg/en/

11　https：//www.who.int/en/news-room/fact-sheets/detail/west-nile-virus

12　Outbreak of Nipah virus encephalitis in Kerala state of India.

http：//www.searo.who.int/entity/emerging_diseases/links/nipah_virus/en/

二、生物恐怖袭击

生物恐怖袭击是指故意使用致病性微生物、毒素等实施恐怖袭击，损害人类或动植物健康，引起严重社会恐慌，从而达到政治或信仰目的的行为。近年来，生物恐怖已经发展成为全世界共同面对的严重威胁，如2011年美国发生为期数周的炭疽邮件事件，2012年巴基斯坦总理办公室收到确认含有炭疽杆菌的包裹，2011～2014年美国破获数起涉嫌以蓖麻毒素发动恐怖袭击的案件，以及2011年5～7月德国和欧洲其他国家出现的肠出血性大肠杆菌疫情被怀疑是一次不正常的流行病学事件，有可能是人为因素导致。此外，2014年西非严重的埃博拉疫情也引发了人们对埃博拉病毒用于恐怖袭击的担忧。

2017～2018年，德国与法国发生两起极端分子利用蓖麻毒素制作生物炸弹事件，此外全球未发生影响重大的生物恐怖袭击事件，但国际社会仍对潜在的生物恐怖威胁表达了深切关注。

（一）欧美发生多起蓖麻毒素事件

据德新社报道，2018年6月，德国警方破获一起涉嫌利用蓖麻毒素在德国第四大城市科隆发动恐怖袭击的案件。嫌疑人现年29岁，是一名受极端主义思想影响的突尼斯人，曾两次试图前往叙利亚支持极端组织"伊斯兰国"。德国警方6月12日搜查他在科隆的住处，发现3150颗蓖麻子和84.3mg蓖麻毒素。嫌疑人企图利用蓖麻毒素制作生物炸弹，发动恐怖袭击。但没有证据显示，这名男子在德国有同伙[13]。

据中国新闻社报道，2018年5月18日法国内政部长在巴黎宣布，法国情报部门近期挫败一起可能使用蓖麻毒素的恐怖袭击图谋，两名埃及裔嫌疑人被捕。调查人员在网络上监控到通过加密社交软件联系的可疑人物，逮捕了嫌疑人。嫌疑人意图使用致命性蓖麻毒素或者爆炸物发动袭击，落网时其住宅中存有火药等用于制造爆炸物的材料，以及指导如何制造蓖麻毒素的手册[14]。

2018年，美国也破获一起蓖麻毒素事件，犯罪嫌疑人为威廉·克莱德·艾伦（William Clyde Allen），其被指控故意使用蓖麻毒素作为武器，向特朗普总统及其他美国军官和雇员邮寄了含有蓖麻毒素的信件。威廉·克莱德·艾伦被指控对美国中央情报局局长、国防部长、海军作战部长、空军部长和联邦调查局局长的人身安全造成威胁，可能面临终身监禁。

（二）其他潜在的生物恐怖威胁

1. 欧盟安全专家警告：ISIS恐怖组织将使用无人机传播致命病毒

2017年11月26日，欧洲高级反恐专家警告说，ISIS极端分子可能很快转向生物战，用无人机传播致命病毒。欧盟反恐协调人吉尔·德·科尔切夫（Gilles de Kerchove）在伦敦召开的一次会议上表示，基地组织和ISIS等恐怖组织将很快转向在自己的家中制造

13　Ricin Discovered in Planned Terror Attack in Germany.
https://www.firefighternation.com/articles/2018/06/ricin-discovered-in-planned-terror-attack-in-germany.html
14　http://www.chinanews.com/gj/2018/05-18/8517498.shtml

生物武器。据《泰晤士报》报道，吉尔·德科尔切夫表示，基地组织的在线杂志 *Inspire* 的第一期有一篇关于"如何在妈妈的厨房里制造炸弹"的文章。他声称下一步可能是"关于如何在厨房里处理病毒的类似文章"。他还称恐怖分子可以使用无人机传播这种病毒[15]。

2. 英特尔公司质疑 DNA 癌症疗法或将引发生物武器威胁

2017 年 8 月 9 日，在拉斯维加斯举行的 2017 年黑客大会上，英特尔公司首席医疗官约翰·索托斯（John Sotos）指出，人们未过多地了解生物武器，是由于生物武器的研制存在许多限制，袭击者很难把疾病当作武器，因为它的传播范围会超越原先的散播区域：毁灭邻国的同时，也会毁灭自己的国家。一旦将基因编辑技术用到开发生物武器上，将有可能研究出一种生物武器，专门攻击体现个人血统、性别、家族的特殊基因，引发严重的安全威胁[16]。

3. 梅琳达·盖茨警告生物恐怖袭击是未来最大公共威胁

2018 年 3 月，比尔·盖茨已经反复在多个场合发出警告，全球在应对传染性疾病暴发方面准备不足。2018 年 3 月，梅琳达·盖茨在西南偏南（SXSW）音乐节接受采访时候表示，未来 10 年最大公共威胁"最有可能"是生物恐怖袭击。美国蓝丝带生物防御小组成员乔治·保斯特（George Poste）对此表示同意，并表示与 1918 年大流感类似规模的大流行疾病正在浮现，这似乎不可避免。

4. 保加利亚研究表明食源性病原体可能成为生物剂

保加利亚医科大学的尼勒·埃尔梅里耶娃于 2018 年 7 月 11 日在 *IntechOpen* 上撰文指出，食源性病原体有可能成为潜在的生物恐怖制剂。其原因有四点：一是部分能引发重大疫情的食源性微生物可从自然界中分离得到，且培养相对容易，对专业背景要求不高；二是病原体的扩散不需要复杂设备和技术支持，只需在餐馆、饮品店等饮食供应场所进行简单投放即可，手法简单且费用低廉；三是人类食用污染食品可能罹患的疾病超过 200 种，相关部门无法在短时间内查明病因，区分疫情原因是恶意投放还是自然发生，这会为生物恐怖分子的逃离赢得时间差；四是食品安全备受各界关注，容易引发人群恐慌，造成社会混乱。

5. 澳大利亚研究人员模拟天花重现后果

2018 年，澳大利亚新南威尔士大学传染病流行病学教授雷纳（Raina MacIntyre）领导了一项研究，使用数学模型来确定悉尼和纽约等城市重新出现天花病毒的后果。

该研究结果显示，悉尼、纽约等城市天花感染率最高的是 20 岁以下的人，但死亡率最高的是 45 岁以上的人。研究还发现，尽管纽约曾大规模接种天花疫苗，但由于免疫抑制作用，很多人不能得到有效保护，模拟的感染情况比悉尼更为严重。Raina MacIntyre 教授表示，疫苗免疫力随着时间的推移而减弱，如果想得到持续保护，就必须重新接种疫苗。两个城市都是未接种过疫苗、5 ～ 20 岁的青少年天花感染率最高。

15　Isis could use drones to spread deadly viruses，top terror chief warns.

https：//www.newsweek.com/isis-could-use-drones-spread-deadly-viruses-top-terror-chief-warns-723012

16　There are things worse than death'：can a cancer cure lead to brutal bioweapons？.

https：//www.theguardian.com/science/2017/jul/31/bioweapons-cancer-moonshot-gene-editing

三、生物战威胁

生物战是指以生物武器为主要攻击手段的战争行为，其所使用的生物战剂一般为高致死性或者失能性病原体。生物战所涉及的病原体可以是自然界中存在的，也可以是经人工改造而来的。

《禁止生物武器公约》于1975年正式生效，截至2018年12月31日，共有182个缔约国。2017～2018年期间，国际上仍然屡屡发生与生物武器扩散相关的重要事件，美国、朝鲜等国仍然是值得关注的重点国家。

（一）美国

美国生物安全防御研究规模庞大，其生防能力远超其他国家，近年来采取的一些行动受到其他国家的质疑。继2013年俄罗斯指出美国在靠近其边界地区开展生物活动后，2018年，俄罗斯国防部指控美国在格鲁吉亚建立"生物武器实验室"对俄罗斯构成了直接的安全威胁。来自德国和法国的研究人员公开发表文章，质疑美国在和平时期开展"昆虫同盟"项目实为变相研究生物武器。

1. 俄罗斯指控美国在格鲁吉亚建立"生物武器实验室"

2018年10月4日，俄罗斯国防部召开记者会，俄军化生辐射防护部队司令基里洛夫少将表示，有迹象显示，美国在格鲁吉亚运营着一个秘密生物武器实验室，并称此举违反国际公约，对俄罗斯构成了直接的安全威胁。俄方指控的主要证据由格鲁吉亚国家安全局前局长吉奥尔加泽提供，指控的主要内容有以下几点[17, 18]。

第一，卢格实验室背后确由美国操控。美国军方在卢格实验室的建设上共投入了超过1.6亿美元。2018年新建的8层行政实验楼中有两层完全归美国陆军使用（美国陆军驻格鲁吉亚医学研究分部），并有一个专门安置患烈性传染病病人的区域。实验室中的格籍专家行动受限，美籍专家却具有外交豁免权，美国通过外交渠道运输生物材料时无需经过当地监督机构的检查。卢格实验室的公用事业和机构安全防护费用也完全由美国支付。此外，格鲁吉亚的卫生与流行病学监测工作由五角大楼负责，格鲁吉亚卫生部还与美国陆军华尔特里德研究所、国防部威胁降减局，以及能源部国家核安全局等签署了一系列合同。

第二，美国秘密开发进攻性生化武器。卢格实验室中存放的部分专利文件可以证明，美国正在开发运送和使用生物武器的技术手段。例如，一种由美国专利和商标局颁发的用于在空中传播受感染昆虫的无人机（专利号8967029），在该专利的描述中提到，利用本装置，美国军队可在无需面临风险的情况下摧毁地方部队。另外一些专利是用于递送化学和生物制剂的各类弹头，具有"成本低，无需接触有生反抗力量"等优点。俄方认为这说明存在为这种弹头装填有毒、放射性、神经类物质，以及传染病病原体的可能。

17　В Минобороны России прошел брифинг, посвященный анализу военно-биологической деятельности США на территории Грузии.
https：//function.mil.ru/news_page/country/more.htm?id=12198232

18　https：//function.mil.ru/files/morf/MO-HBPX Б .PDF

第三，卢格实验室从事致死性临床试验。俄方指控，卢格实验室号称对一种治疗丙肝的药物索非布韦进行临床试验，却仅在2015年12月就造成24人死亡，而实验室罔顾相关国际标准和病人意愿继续进行研究，续致49人死亡。实际上，索非布韦已在俄罗斯联邦的药物注册清单内，此前该药物从未引发任何死亡病例。因此俄方认为，卢格实验室可能在药物临床试验的幌子下对高毒性化学药物或高致死性生物制剂的毒效进行评估。俄方作出以上认定的另一个原因是，索非布韦的生产商美国吉利德科学公司（Gilead Sciences）的大股东之一正是美国前国防部长拉姆斯·菲尔德。

第四，美国涉嫌与欧亚部分动物疫情有关。美国特别强调在格鲁吉亚境内，包括靠近俄罗斯边境的地方寻找"非典型的鼠疫病原体"，其原则是"越是非典型越好"。欧洲CDC网站和俄政府有关部门的数据显示，近几年欧洲南部国家的蚊子种类正在发生变化，其中包括格鲁吉亚和俄罗斯部分领土；蜱虫的传播导致俄罗斯斯塔夫罗波尔地区和罗斯托夫地区暴发了克里米亚-刚果出血热；另外2007～2018年非洲猪瘟从格鲁吉亚蔓延到俄罗斯、欧洲国家和中国，在这些国家的死亡动物样本中检测到了与格鲁吉亚2007年相同的非洲猪瘟病毒株。基于以上证据，俄罗斯认为美国涉嫌发动了欧洲和亚洲部分地区的数次动物疫情。

第五，美国搜集前苏联地区传染病、菌株库及俄罗斯公民生物样本。俄罗斯特别指出，除了卢格实验室，美国军方在前苏联地区不断建设或升级高水平生物实验室，如在乌克兰、阿塞拜疆、乌兹别克斯坦等国。其重点任务之一就是搜集所在地区有关传染病发病率的信息，以及相关国家具有疫苗耐受性及抗生素耐受性的致病菌株库。美空军试图搜集俄罗斯公民的滑膜组织和RNA样本，并且明确提出所有组织和样本必须是来自生活在北高加索地区的俄罗斯人。俄方还指责美空军通过企业搜集北高加索、远东及乌拉尔地区单一民族的生物样本，无论其背后目的何在，都对俄安全构成威胁。

针对俄方上述指控，美国国防部予以否认，其发言人表示卢格实验室一直是在格鲁吉亚疾病控制与公共卫生中心领导下开展工作，并非美方设施，美国更未在该实验室研制生物武器，并将俄罗斯的指控称为"针对西方捏造的虚构和虚假情报"。

2. 科学家质疑美国"昆虫同盟"项目是变相研究生物武器

2018年10月出版的《科学》（Science）杂志刊登了一篇标题为"Agricultural research, or a new bioweapon system?""是农业研究还是新型生物武器？"的评论文章，文章中来自德国马克斯普朗克进化生物学研究所、弗赖堡大学和法国国家科学研究中心（CNRS）的作者提出质疑，美国在和平时期开展"昆虫同盟"项目（Insect Allies project）实为变相研究生物武器，美国需要更好地阐释其合理性以避免被视为对其他国家存在敌意[19]。

"昆虫同盟"项目由美国国防高级研究计划局（DARPA）负责。该项目试图将一些保护性状移入已经长成植株的作物体内，这与目前广泛运用的转基因技术不同，转基因修改的主要是作物种子，作用时间发生在其发育为植株之前。该项目公开目的是保护美国的食物供应，利用昆虫使作物感染特定病毒，从而加强作物应对干旱、疾病和生物恐

---

19 Agricultural research, or a new bioweapon system?
http://science.sciencemag.org/content/362/6410/35.full

怖袭击等威胁的能力。

该项目引发了多国科学家的广泛关注。评论文章的作者认为，这种技术作为一种杀死植物的武器比作为一种农业工具更可行，人们需要更多地讨论在开发这类技术时监管和伦理方面的问题。美国一些研究机构的科学家也发表了自己的看法，多数人表示该项目的研究目的确实是保护作物，但承认相关技术有可能被滥用或被武器化，并且由美国军方机构为该项目提供资金的确会引发质疑。

美国政府对此进行了回应，美国国务院表示，"昆虫同盟"项目是出于和平目的，并未违反《禁止生物武器公约》。

（二）朝鲜

朝鲜历来是西方国家重点关注的对象，据韩国文件披露，朝鲜已拥有21种高危生物剂，2017年和2018年，美国哈佛大学等机构发布报告，再次质疑朝鲜的生物武器计划。

1. 美国哈佛大学分析朝鲜生物武器发展计划

哈佛大学肯尼迪学院贝尔弗尔科学与国际事务中心2017年10月发布了题为"朝鲜生物武器计划：已知和未知"的研究报告。该报告利用公开信息，包括文章、图书、政府和非政府报告，以及采访相关专家和前政府官员，调查了朝鲜生物武器计划的现状，研究了朝鲜生物武器政策，并集中分析了韩国和美国的政策。报告还提出了如何针对朝鲜的生物武器计划政策，改进评估和监督工作[20]。

报告称，1950—1953年朝鲜战争导致数千人死于霍乱、斑疹伤寒、伤寒和天花，朝鲜政府将其归责于美国的生物攻击，此后1960年就开始了生物武器的研究。韩国情报方面也表示朝鲜至少拥有三处制造生物武器设备的工厂及7座相关的研究中心。报告警告，目前尚不知朝鲜方面何时会开始实施其生物武器计划，其中援引了韩国国防部的评论，指出平壤方面可以在10天内将13种生物制剂，包括炭疽等实现武器化，来攻击他们选择的目标。报告表示，目前还不知道这类生物武器究竟会以导弹、无人机、飞机、气溶胶喷雾剂甚至是人体本身哪种形式投放，从而制造大规模毁灭性灾害。

2. 朝鲜或已获得生化武器技术

美国《华盛顿邮报》网站2017年12月10日透露，美国国会早于2006年就接到情报报告，朝鲜不仅研发核武器，也秘密开发生化武器。十年后，朝鲜被认为拥有制造核武器与生化武器的能力。不过美国专家承认无从确认朝鲜制造生化武器的能力与状况。美国与亚洲的情报官员对朝鲜研发生化武器日渐担忧，当年认为朝鲜欠缺技术和设备的障碍目前已渐渐消除，朝鲜不但拥有能生产数以吨计微生物的工厂，朝鲜也积极派遣科学家到海外大学，进修微生物学课程，并向发展中国家提供生物科技服务[21]。

---

20 North Korea's Biological Weapons Program：The Known and Unknown

https：//www.belfercenter.org/publication/north-koreas-biological-weapons-program-known-and-unknown

21 Microbes by the ton：Officials see weapons threat as North Korea gains biotech expertise.

https：//www.washingtonpost.com/world/national-security/microbes-by-the-ton-officials-see-weapons-threat-as-north-korea-gains-biotech-expertise/2017/12/10/9b9d5f9e-d5f0-11e7-95bf-df7c19270879_story.html?utm_term=.0900aa4c2434

四、生物技术谬用与误用

生物技术谬用与误用是指人为故意或非故意获得具有高致病性、高传染性、隐蔽性、特定人群靶向性和环境抵抗性等一种或多种特点的病原体的行为。随着生物信息学、基因组学和合成生物学等相关生物技术的进步，已经能够方便地对特定病原体进行人工改造，甚至通过网络获得基因序列信息就能在实验室内人工合成病原体。随着生物高技术门槛的降低，不仅国家、政府的特殊实验室可进行新型病原体的改造研究，许多常规生物实验室甚至恐怖分子控制的实验室也可进行类似的研究，不可避免地带来了安全隐患。2017年和2018年，加拿大合成马痘病毒、贺建奎进行基因编辑婴儿等事件引起了多方关注，令全球的科研机构和研究人员更加关注生物技术发展的安全性问题。

（一）重大事件或研究进展

2017年和2018年，基因编辑技术和合成生物学等技术取得了突飞猛进的进展，有些技术的应用可能会造成误用与谬用，主要包括以下部分。

1. 灵长类动物基因编辑试验首获成功

2017年4月，美国密歇根州立大学等机构的研究人员首次利用CRISPR/Cas9基因编辑技术对猕猴胚胎进行了编辑，这也是在美国进行的首个非人灵长类动物的基因编辑。研究人员表示，利用非人灵长类胚胎进行研究非常重要，因为其非常接近于人类的机体状况，这就能够更好地帮助开发更好的疗法，并且有效抑制临床试验中可能出现的一些额外风险[22]。

2. 合成杆状病毒全基因组

2017年4月，中国科学院武汉病毒研究所研究员胡志红课题组联合运用PCR及酵母转化相关的同源重组（transformation associated recombination，TAR）技术，首次合成了杆状病毒模式种AcMNPV的全基因组。研究人员首先利用PCR扩增覆盖AcMNPV全基因组的45个片段（每个片段约3kb），然后利用TAR技术在酵母细胞内进行了三次重组最终获得病毒的全基因组（145 299bp）。将合成的病毒基因组通过转染昆虫细胞成功获得了有感染性的人工合成病毒AcMNPV-WIV-Syn1。电镜、一步生长曲线和生物测定等结果表明，合成病毒与亲本病毒具有相似的生物学特性[23]。

3. 澳大利亚科学家在实验室中重建寨卡病毒

2017年5月18日，澳大利亚研究人员宣布在实验室中重建了寨卡病毒。这是首次直接通过感染组织中检测到的病毒序列重建寨卡病毒，无须导入感染性病毒。研究中使用的病毒序列在人体组织中已获鉴定。研究人员表示，该团队独特的研究方法可以快速生成新的功能齐全的寨卡病毒分离株。

22 Midic U, Hung P H, Vincent K A, et al. Quantitative assessment of timing, efficiency, specificity and genetic mosaicism of CRISPR/Cas9-mediated gene editing of hemoglobin beta gene in rhesus monkey embryos. Hum Mol Genet, 2017, 26（14）: 2678-2689.

23 Shang Y, Wang M, Xiao G, et al. Construction and rescue of a functional synthetic baculovirus. ACS Synth Biol, 2017, 6（7）: 1393.

4. 人工合成马痘病毒

2017年6月，美国《科学》杂志报道，加拿大阿尔伯塔大学医学微生物及免疫学教授戴维·埃文斯团队近期将邮件订购的重叠性DNA片段拼接在一起，成功地合成出马痘病毒（horsepox）。戴维·埃文斯带领的团队以10万美元的较低成本完成了这次实验，尽管世界卫生组织反对拥有20%以上的天花病毒基因组，但是戴维·埃文斯团队还是重建了与它存在亲缘关系的马痘病毒。该实验室是世界上主要的正痘病毒实验室之一。他们在技术上已能够解决合成期间面临的挑战和内在的安全风险[24]。

5. 美国完成首例人类胚胎基因编辑

2017年7月26日，美国《麻省理工学院技术评论》（*MIT Technology Review*）杂志发表史蒂夫·康诺（Steve Connor）的文章，题为"美国完成首例人类胚胎编辑"（First Human Embryos Edited in U.S.）。报道了美国俄勒冈健康科学大学（Oregon Health and Science University）的科学家在胚胎基因编辑方面取得重大突破。他们通过CRISPR技术，成功改写单细胞胚胎信息，完成首个"美国制造"的编辑人类胚胎，证明人类可以通过基因编辑技术，高效安全地对胚胎DNA进行编辑[25]。

俄勒冈健康科学大学的舒赫拉特·米塔利波夫（Shoukhrat Mitalipov）团队利用CRISPR技术纠正了大量人类胚胎细胞中的MYBPC3基因突变，从而达到了根治肥厚型心肌病的目的，证明基因缺陷导致的遗传性疾病可以通过基因编辑手段高效安全地更正。

6. 谷歌母公司Alphabet子公司将释放基因改造蚊子

2017年7月15日，谷歌母公司Alphabet旗下生命科学子公司Verily酝酿向美国加州弗雷斯诺地区释放大约2000万只基因改造蚊子。这些蚊子都在实验室中被细菌感染，可以帮助消除寨卡病毒感染[26]。

Verily的计划名为Debug Project，希望能够消灭可能携带寨卡病毒的蚊子种群，以防止进一步感染。Verily让雄性蚊子感染沃尔巴克氏菌，这种细菌对人体无害，但是当它们与雌蚊交配时，就会感染对方，导致它们的卵无法产生后代。Verily计划在弗雷斯诺地区120公顷的社区中每周释放约100万只改造蚊子，连续释放20周。这是迄今为止，美国释放感染沃尔巴克氏菌蚊子数量最多的一次。

7. 美国环保署正式批准沃尔巴克氏菌转基因蚊子投放用于防御登革热

2017年11月6日，美国《自然》杂志报道，美国环境保护署11月3日已经正式批准，向环境中投放实验室培育的转基因蚊子ZAP males，后者借助沃尔巴克氏菌杀灭传播登革热、黄热病等传染病的野生白纹伊蚊（Aedes albopictus）。美国环境保护署同时要求，该产品只能向美国20个州及华盛顿特区投放。

24　Kai Kupferschmidt. How Canadian researchers reconstituted an extinct poxvirus for \$100，000 using mail-order DNA．Science，2017-7-6.

25　First Human Embryos Edited in the U.S.，Scientists Say.

https：//www.scientificamerican.com/article/first-human-embryos-edited-in-the-u-s-scientists-say1/

26　Alphabet's Verily releasing 20 million mosquitos this summer to counter disease-carrying insects.

https：//9to5google.com/2017/07/14/alphabet-verily-mosquitos-summer-release-debug-fresno/

8. 生物黑客推出DIY基因治疗试剂盒

美国《麻省理工评论》杂志2017年12月1日报道，Odin和Ascendance Biomedical这两家公司最近在网上发布了自己实验室生产产品的视频，并不顾及联邦政府警告，表示会继续向公众提供DNA编辑的材料。基因疗法为目前没有或者有很少治疗方法的疾病的治疗提供了可能。美国FDA认为任何使用CRISPR/Cas9进行人类基因编辑的方法属于基因治疗，应由FDA生物制品评估和研究中心（CBER）监管。在美国，人类基因治疗的临床研究需要在开始之前提交研究性新药申请（IND），基因治疗产品的销售需要提交生物制剂许可申请（BLA）并获得批准。FDA还负责批准某些基因治疗产品的上市。11月21日，FDA发布了一个措辞严厉的声明，警告消费者不要使用DIY基因治疗试剂盒，并称其销售违法。消费者应注意确保他们正在考虑的任何基因疗法已被FDA批准或正在适当的监管下进行研究[27]。

9. 美国国防高级研究计划局启动基因编辑相关研究

2017年7月25日，美国国防高级研究计划局（DARPA）宣布资助"安全基因"项目6500万美元，开发基因编辑技术。该项目有三个主要技术目标：开发能够更好地控制生物系统基因编辑的过程，制订保护人类基因组完整性的对策，以及调查从生命系统中去除工程基因的方法。DARPA指出，该项目与故意和意外滥用基因编辑技术有关。此外，这项项目将研究抑制基因驱动系统的方法。

2017年11月17日，DARPA启动名为"先进植物技术（APT）"的新项目，该项目利用基因编辑等技术对植物进行改造，使其作为传感器收集化生放核爆（CBRNE）信息，从而具备远程监控能力的下一代情报收集传感器，这种植物"尖兵"具有自持能力、隐蔽性强、易于分布等特点。

10. 美国国立卫生研究院宣布投入1.9亿美元启动基因编辑研究计划

2018年1月23日，美国国立卫生研究院（NIH）官网宣布，该机构将在今后6年内，拿出1.9亿美元资助基因编辑研究项目——"体细胞基因编辑"计划，旨在开发安全有效的人类基因编辑工具，消除将这项技术应用于治疗人类患者的障碍。"体细胞基因编辑"计划的重点，将放在改善患者体内运送基因编辑工具的机制、改进或开发新型基因编辑器、寻找在动物和人类细胞中测试基因编辑工具安全性和有效性的方法，以及组装出基因编辑工具包，供科学界共享。该计划中的体细胞，是指人体的非生殖细胞，其遗传信息不能传递到下一代，因此，由基因编辑疗法带来的DNA的任何改变，也都不会被遗传。

11. 研究人员首次合成人类朊病毒

2018年6月，英国《自然-通讯》杂志发表文章称，来自凯斯西储大学医学院的研究人员首次在实验室里合成了一种人造朊病毒。朊病毒是出错的蛋白质，它们以异常方式进行折叠，当接触正常蛋白质时，会将这种异常折叠方式传染给后者并造成大脑损伤，大脑损伤后会造成痴呆症、身体失控，最终导致死亡。在这项研究中，研究人员利用大肠杆菌表达经过基因工程改造的人体朊病毒，成功合成"高度破坏性"的

27　Biohackers Disregard FDA Warning on DIY Gene Therapy.

https://www.technologyreview.com/s/609568/biohackers-disregard-fda-warning-on-diy-gene-therapy/

人体朊病毒，随后研究人员在转基因小（大）鼠上进行病毒试验，观察到小（大）鼠发生神经功能障碍。该研究对了解朊病毒的结构和复制方式、研发治疗方法具有重要意义。

12. 贺建奎基因编辑婴儿事件引发争议

2018年11月26日，来自中国深圳的贺建奎宣布，一对能天然抵抗艾滋病的基因编辑双胞胎已经诞生，成为世界上首例基因编辑婴儿，在国内外引起轩然大波。贺建奎称其运用"CRISPR/Cas9"基因编辑技术，敲除了胚胎的CCR5基因（HIV病毒入侵机体细胞的主要辅助受体之一），以实现病毒无法入侵人体细胞的天然免疫效果。他为7对夫妇改变了胚胎，其中1对最终顺利妊娠，并于11月诞生了一对能天然抵抗艾滋病的基因编辑双胞胎露露和娜娜。

据媒体发布的信息，研究者贺建奎为南方科技大学生物系副教授，该临床试验已经通过深圳和美妇儿科医院的伦理委员会审批，并在中国临床试验注册中心（ChiCTR）完成注册登记。目前，相关涉事方否认与该研究有关。11月26日，南方科技大学发表声明，称贺建奎副教授已于2018年2月1日停薪留职，此项研究为贺建奎副教授在校外开展，学校对此不知情。11月27日，深圳和美妇儿科医院总经理程珍表示，医院怀疑贺建奎报告作假，已经向警方报案。

事情发生后，国家卫生健康委员会高度重视，立即要求广东省卫生健康委员会认真调查核实，依法依规处理。广东省卫生健康委员会和深圳市医学伦理专家委员会表示已启动对该事件的调查。国家科技部也启动了针对此项研究的深入调查工作。我国科学家及学术团体表示强烈谴责，国际学术界的反应相对比较温和。中国上百名学者联合署名发表声明，强烈谴责贺建奎"基因编辑婴儿"的行为。中国遗传学会基因编辑研究分会和中国细胞生物学会干细胞生物学分会认为该研究严重违反中国政府的法律法规和中国科学界的共识，在科学、技术和伦理方面存在诸多问题。国际人类胚胎基因编辑委员组委会声明，称贺建奎会在本次峰会上发言（11月28日），临床试验是否符合相关标准还有待商榷。

2019年1月21日，从广东省"基因编辑婴儿事件"调查组获悉，已初步查明，该事件是南方科技大学副教授贺建奎为追逐个人名利，自筹资金，蓄意逃避监管，私自组织有关人员，实施国家明令禁止的以生殖为目的的人类胚胎基因编辑活动。调查组有关负责人表示，对贺建奎及涉事人员和机构将依法依规严肃处理，涉嫌犯罪的将移交公安机关处理。对已出生婴儿和妊娠志愿者，广东省将在国家有关部门的指导下，与相关方面共同做好医学观察和随访等工作。

（二）风险性评估

随着生物科技的不断发展，生物技术的谬用与误用越来越受到政府部门和科学家的重视。2017年和2018年，科学界发表多篇文章评估生物技术两用性风险，欧美等国也相继发布多份生物技术两用性研究报告，为生物技术的研究与应用指明方向。

1. 美国专家谈基因编辑技术的前景与管理

2017年1月26日，美国弗吉尼亚大学网站刊登采访美国FDA前政策副专员兰德尔·卢特尔（Randall Lutter）的文章，题为"问与答：基因编辑的未来与管理"（*Q&A:*

The Future of Genome Editing and How It Will Be Regulated》[28]。兰德尔·卢特尔目前是弗吉尼亚大学公共政策教授，一直致力于转基因动物的监管。其主要观点如下：

第一，基因编辑技术与转基因的区别。利用CRISPR/Cas9等基因编辑技术可以使科学家在细胞基因组所需修改的位置进行剪切，从而完成基因的删除或插入；转基因则需要引入另外一个物种的遗传物质。此外，通过被称为"基因驱动"的遗传系统，基因编辑技术还可以影响野生种群的遗传特征。当具有新特性的亲代与其他不具有该特性的"野生"种群繁殖后代时，通过"基因驱动"遗传系统，其子代能够高概率地遗传获得新特性，从而新特性可以在野生种群中广泛分布。

第二，基因编辑技术的风险与利益评估。兰德尔·卢特尔认为，风险与利益评估是针对产品而言。美国目前的监管体系存在批准新产品速度缓慢的问题。审批速度缓慢会导致需要继续使用老产品，降低研发资金的投入，而且老产品的安全性可能会更低。

第三，基因编辑技术与耐药性。现有的一些转基因作物使用的是转入除草剂抗性基因，现已证明对此类作物使用农药会造成超级杂草。如果利用基因编辑技术制造的是类似的抵抗农药的作物，依旧会存在此类问题。但耐药性问题很大程度上是农药使用不当所造成的。

第四，基因编辑技术的监管。美国FDA在2017年1月发布了3份基因编辑指导性文件，将监管范围扩大到所有的基因编辑技术，如涵盖了CRISPR基因编辑动物和基因编辑蚊子，将原先的转基因作物扩大到基因编辑作物。此外，如果把基因编辑蚊子看作减少野生蚊子的农药，环境保护局也将按照联邦法律进行管理。

2. 国际科学院组织呼吁开展基因编辑安全国际对话

2017年10月11—13日，国际科学院合作组织（IAP）在德国汉诺威召开会议，评估基因编辑技术的安全问题[29]。

研讨会回顾了基因编辑及其社会应用价值的最新进展，指出积极开展基因编辑和安全的国际对话非常重要，认识到与利益有关者进行公开、包容性对话的重要性，并提倡通过责任和诚信建立值得信任的研究文化。会议一致同意，基因编辑和安全的未来讨论需要以下几方面内容。

第一，科学责任。许多专家强调，科技创新中需要支持和维持一种负责任和诚信的文化，并与利益相关者保持接触至关重要。此外，研究人员和政策制定者必须承诺继续开展开放包容的对话，以建立信任。与其他不断涌现的新兴技术一样，缺乏对技术不确定性的沟通交流可能破坏公众对科学的信心。此外，科学界必须确保年轻研究人员和南半球研究人员在这一持续对话中拥有发言权。国际科学院合作组织主席沃克尔·莫伊伦（Volker ter Meulen）指出：科学界有责任考虑科研活动合理的、可预见的后果，与利益相关者就基因编辑的利益和安全影响开展对话。

第二，安全影响和利益。基因编辑具有切实的益处，对其益处和任何潜在安全问题应该有一个平衡和公开的讨论。虽然基因编辑的应用越来越广泛，但这并不意味着谬用

28　Q&A: The Future of Genome Editing and How It Will Be Regulated.

https：//news.virginia.edu/content/qa-future-genome-editing-and-how-it-will-be-regulated

29　Assessing the Security Implications of Genome Editing Technology Report of an international workshop.

https：//easac.eu/fileadmin/PDF_s/IAP_Herrenhausen_biosecurity_report_2017.pdf

风险必然会增加。鉴于基因编辑工具的迅速发展和广泛使用，需要确保南半球国家参与全球一致行动。通过技术、法律、法规和政策等手段预防和缓解谬用风险，是处理基因编辑应用安全问题的重要途径。许多人指出，缺乏检测能力也是一个严重问题，因此需要基于生物安全和安保原因对监测检测进行更为集中的讨论。

第三，监管框架。科研及其成果的综合管理存在各种各样非常重要的治理选项。据与会者介绍，目前许多针对研究与应用的监管框架也适用于基因编辑。全球范围内还需要继续加大对研究、政策和监管良好实践的做法分享，继续监测相关事态发展，确保科技创新的灵活管理。许多与会者建议，应该监管基因编辑的产品，而不是过程。

第四，下一步行动。研讨会最后讨论了下一步需要采取的行动，主要是澄清当前不确定的事项并达成共识，与科学界就应对这些复杂问题的持续责任加强沟通交流。大家一致认为，最理想的方式是建立一个可持续性的网络，该网络涵盖科学界、安全界及其他利益有关者，可以分享观点、加强信息交流、确定进一步研究重点，并作为更广泛参与的基础。

3. 美军评估基因驱动技术风险

据《自然》杂志2017年7月21日报道，美军高度关注基因驱动技术的风险和效益。报道指出，美国国防部咨询机构杰森集团（JASON）于2017年6月在加州圣地亚哥举行秘密会议，对基因驱动技术的威胁进行了评估。

杰森集团的秘密会议共有大约20名科学家参与，最终可能形成了一份秘密报告。与会学者指出，基因驱动技术可以迅速地在整个种群中传播人为改造的基因，存在严重的国家安全危险，并有可能导致物种灭绝，改变整个地球生态系统。

4. 英国学者分析基因编辑技术武器化危险

英国苏塞克斯大学学者詹姆斯·赖维尔（James Revill）2017年8月31日在《对话》（*The Conversation*）网站发表题为"基因编辑工具CRISPR可以用于生物武器吗？"（Could gene editing tools such as CRISPR be used as a biological weapon?）的文章，分析了基因编辑工具应用于生物武器发展的危险[30]。

CRISPR等基因编辑技术正广泛应用于从癌症治疗到传染病防控等各个医学领域，其中一些应用可能有效调节生态系统，例如抵御疟疾传播的基因编辑蚊虫。CRISPR技术同时也产生了一些伦理和安全问题，一些人担心，军事机构探索基因编辑创新应用可能会向其他国家发出令人担忧的信号。人们越来越担心基因编辑技术可能被用于发展生物武器。

但是也有学者认为，目前CRISPR技术的安全隐患可能并不大，人们必须注意围绕新技术的炒作。到目前为止，恐怖组织拥有更容易、更简单的方法来制造恐怖，只有野心勃勃的生物恐怖分子才会注意到CRISPR技术。而且要想有效利用基因编辑技术发展生物武器，通常需要非常专业的技能，这意味着大多数恐怖组织尚无法发展基于CRISPR技术的生物武器。当然，这并不表示，人们可以忽视非国家行为体恶意利用CRISPR技术，也不能忽视CRISPR技术未来在国家层面的生物武器计划中可能发挥重要作用。

30　http://theconversation.com/could-gene-editing-tools-such-as-crispr-be-used-as-a-biological-weapon-82187

根据《禁止生物武器公约》，各缔约国在任何情况下都不应获取或保留生物武器。但该公约并不完善，缺乏履约核查机制。国际社会在解决CRISPR技术谬用问题时必须联合行动，任何一个国家的单独行动都无法有效发挥作用。当然。单方面的国家措施，如合理的生物安全计划与程序也非常重要。公约缔约国必须同意对科学技术进行更系统和定期的审查，这种审查可以帮助确定和管理诸如 CRISPR 等技术的安全风险，并促进国际社会就CRISPR技术的风险利益进行信息沟通交流。

5. 美国学者呼吁关注高等生物基因改造

2017年12月20日，美国约翰·霍普金斯大学卫生安全中心高级分析师马修·希勒（Matthew Shearer）在该中心网站上发表了题为"美国队长是生物武器吗？"（Is Captain America a biological weapon?）的文章。文章呼吁《禁止生物武器公约》关注高等生物基因改造[31]。

文章指出，在探讨基因编辑的安全问题时，人们面临了一个新的困惑，即"《禁止生物武器公约》是否有效阐明了高等生物的基因改造问题"。该公约第一条规定写于20世纪70年代，主要为应对新发和不可预见的威胁（如朊病毒），措辞比较模糊，因此造成适用范围不清，特别是动植物和人类这样的高等生物。传统观点认为，该公约第一条涵盖细菌、病毒、真菌和毒素，这些都可能感染人类或动植物。但是，是否考虑过非感染情况？如果这里所说的"生物剂"不是病原体，而是人类、动物、植物呢？如果被感染的个体是自愿的而非受害者呢？

诸如CRISPR-Cas9这样的基因编辑工具已经用于基因治疗，FDA最近批准了首个基因治疗药物用于治疗先天失明症。科学家还利用这一工具培育出肌肉显著增强的动物。如果此类技术用于正常人类的增强，并用于作战，将创造出现实版超级勇士"美国队长"。另一领域的应用实例是利用基因编辑蚊子，降低当地蚊子种群数量，从而减少塞卡病或基孔肯雅病等蚊媒传染病的发病率。野外释放基因改造的蜜蜂或昆虫，也将给当地食品和经济安全带来重大风险。

6. 美国专家评论马痘病毒合成风险

《公共科学图书馆·综合》（*PLoS ONE*）杂志于2018年1月19日发表了关于从头合成马痘病毒的文章（Construction of an infections horsepox virus vaccine of chemically synthesiged DNA fragments），引起多方关注。《全球生防》（*Global Biodefense*）网站1月22日发表了乔治·梅森大学政治系教授格里高利·科波兰特（Gregory Koblent）的评论文章，讨论了将马痘病毒合成研究成果公之于众的不利之处，反驳了《公共科学图书馆·综合》杂志审查委员会的观点和结论。他认为研究成果有可能被用于天花病毒的合成，为天花病毒的获取提供新途径。

马痘病毒属于正痘病毒科，该病毒合成为人类首次从头合成正痘科病毒。科波兰特认为，正痘病毒科各病毒之间具有高度同源性，研究成果的公开发表可直接为合成天花病毒提供路径指导。天花病毒是人类健康的潜在威胁，曾经在全球范围内吞噬了无数人的生命。在过去的40年中人类已基本消除自然界中的天花病毒。目前仅在WHO指定的两

31　Is Captain America a Biological Weapon?

http://www.bifurcatedneedle.com/new-blog/2017/12/20/is-captain-america-a-biological-weapon

个病毒库中存有天花病毒样本。《公共科学图书馆·综合》杂志公开发表合成马痘病毒的研究论文，如同打开潘多拉盒子，可能导致天花病毒再次成为人类健康的威胁所在。

根据两用技术研究监管规定，《公共科学图书馆·综合》杂志召集并召开了两用技术研究监督委员会会议，该杂志编辑及外部专家审查了论文，对马痘病毒合成研究的潜在风险进行了评估，重点探讨并回答了该技术是否会被滥用、是否会为天花病毒的再造提供方法指导等问题。委员会认为，马痘病毒合成研究参考了流感和脊髓灰质炎病毒合成的途径，采用的是已知方法和现有试剂，不会为合成天花病毒提供任何新信息。鉴于研究成果将有助于疫苗研发，委员会得出结论，将研究成果公之于众的利大于弊。科波兰特称，《公共科学图书馆·综合》两用技术研究监督委员会低估了马痘病毒合成研究的风险，高估了其正面意义。

7. 瑞士科学院发布生物两用性研究报告

瑞士科学院在2017年3月发布了《生命科学研究滥用风险和生物安全》研究报告，目的是为科研人员处理生命科学研究滥用问题提供讨论依据。

第一，制定法律法规。欧洲许多国家已经开始评估生物安全法的必要性，以自上而下的方式加强其研究监督。丹麦是首个实施这一条例的国家。瑞士最近授权进行一项法律研究，查明立法中的监管漏洞，以及解决这些问题的一些可能性。

第二，正确看待知识共享。共享的内容不仅包括有害生物材料，还包括关于如何制备这些材料的信息，包括方法或病原体的基因组序列。应在早期阶段交流研究成果，最好是在任何研究项目开始时，不仅要考虑如何处理科学期刊出版问题，还要注意如何处理学术会议和广大公众的沟通问题。

第三，加强教育与培训。生物安全教育和培训是预防和防止滥用的最有效措施。目前在生命科学年轻学者中的生物安全教育没有得到足够重视。一些机构已经制订了教育材料，培训负责任的研究方法和科学操守，并在研究机构中培养信任气氛。

8. 欧洲科学院发布基因编辑报告

2017年3月，欧洲科学院科学咨询理事会（EASAC）发布《基因编辑：欧盟的科学机遇、公共利益和政策选择》报告，旨在提高对科学机遇和公共利益问题的认知[32]。

欧洲科学院科学咨询理事会认为，政策考虑应该集中在基因编辑的应用前景，而不是基因编辑本身。重要的是要确保管理基因编辑的应用以事实为基础，同时考虑其利益与风险，并兼顾灵活性以应对未来科学的发展。报告借鉴了欧洲各个院校，以及其他国际学术合作机构的前期工作，对植物、动物、基因驱动改造野生种群、微生物、人类细胞五个领域的基因编辑技术的进展、应用、政策实施等方面提出了建议，对公众参与问题和全球性问题展开了探讨并提出了建议。

9. 美国科学院发布生物两用性研究现状与争议的报告

美国科学院2017年9月14日发布了"生命科学的两用性研究：现状和争议"的报告。报告回顾了美国生命科学两用性研究的现状及监管的政策和措施，目的是在研究结

32　Genome editing: scientific opportunities, public interests and policy options in theEuropean Union.
https://www.easac.eu/fileadmin/PDF_s/reports_statements/Genome_Editing/EASAC_Report_31_on_Genome_Editing.pdf

果的公开性传播价值和国家安全之间达成平衡。报告最后得出了四个方面的结论[33]：研究和交流工具发生变化，美国的两用性研究监管存在不足，两用性研究发表的审查机制不完善，对两用性研究教育和培训重视不够。

10. 美国科学院发布"合成生物学时代的生物防御"报告

2018年6月23日美国科学院发布了《合成生物学时代的生物防御》报告[34]，主要内容有以下几部分：①委员会建立的评估框架。内容包括技术可行性、武器化可能性、使用者要求和风险降低可能性四个因素，每个因素又包含具体的描述内容。应用框架对合成生物学相关的12种使能能力进行了评估。12种能力共分为3类：病原体相关能力，化学或生物化学物质生产能力，改变人类宿主的生物武器能力。按照关注度从高到低排序将12种能力分为了五级。②合成生物学拓展了发展新武器的可能性，也扩大了开发新武器的群体范围，减少了开发所需的时间。在评估的潜在能力中，目前有三类最值得关注：重建已知致病病毒，使现有细菌更加危险，通过原位合成生产有害生物化学物质。基于技术可行性，前两种能力受到高度关注。③合成生物学时代的生物技术拓展了美国国防部的关注领域范围。美国国防部应继续推进现行的化生防御战略。这些战略在合成生物学时代仍然具有重大意义。美国国防部现在和未来还需要应对合成生物学更广泛的使能能力。

11. 美国大学乔治·梅森大学和斯坦福大学发布基因编辑生物安全研究报告

2018年12月3日，美国乔治·梅森大学和斯坦福大学联合发布了"基因编辑生物安全——治理基因编辑的需求和战略"的研究报告。报告探讨了与CRISPR技术相关的关键生物安全问题，以及相关的基因编辑技术[35]，从基因组编辑的工具、能力和局限性，基因编辑技术的潜在益处，基因编辑带来的安全和安保风险，潜在的安保情景，主要趋势和结论五个方面进行了论述。

五、实验室生物泄漏

近年来，全球范围内生物安全设施的迅猛发展也带来了不同程度的生物安全威胁。从实验室生物安全角度出发，近年来实验室获得性感染事故频发，病原微生物泄漏情况屡见不鲜，管制生物剂恶意使用事件骇人听闻。美国国防部犹他州达格威试验场某实验室炭疽杆菌活体样本泄漏事件给全球各地从事管制生物剂研究和管理的相关人员敲响了警钟，美国政府问责局（GAO）更是在2017～2018年间连续出台问责报告，敦促美国国防部针对相关生物安全设施和计划进行整改。

美国是世界上公认的在生物安全设施建设和管理方面领先全球的国家。以美军为代表，其高等级生物安全实验室不仅设施先进、技术领先，且各部门职能明确、协同配合，以此为基础构建的生物安全防御体系已经逐步在国家安全领域发挥重要作用。但近年来，美国国防部下属的生物安全设施在生物安全和生物安保项目管理存在严重疏忽和漏洞，且相关管制生物剂和毒素失控事件频发。美国GAO于2018年公布问责报告，不

33　Dual Use Research of Concern in the Life Sciences: Current Issues and Controversies.

https：//www.nap.edu/catalog/24761/dual-use-research-of-concern-in-the-life-sciences-current

34　Biodefense in the Age of Synthetic Biology.

https：//www.nap.edu/catalog/24890/biodefense-in-the-age-of-synthetic-biology

35　Editing biosecurity need and strategies for governing genome editing

仅还原了美军达格威试验场炭疽杆菌活体样本外泄事件的始末，还针对管制生物剂和毒素相关生物安全和生物安保计划进行审查，提出了相关整改建议，以坚决遏制泄漏事件再次发生。

（一）美军达格威试验场活炭疽样本外泄事件始末

美国GAO于2018年出台问责报告披露了美军达格威试验场活炭疽样本外泄事件始末（图1-1）。美国国防部生物安全实验室从建设数量和水平看，一直是各国在该领域的标杆。但2015年年底，美国马里兰州的一家生物实验室确认收到美国国防部犹他州达格威试验场寄送的活性炭疽杆菌样本，这引起美国国防部的高度关注[36]。五角大楼随后对该事件开展了全面调查，调查结果显示，美国国防部发现其位于犹他州达格威试验场的某一实验室在2004～2015年间意外将575批活炭疽杆菌（导致炭疽的细菌）发给了全球194个实验室和承包商。美国陆军在2015年12月进行的一项调查发现，没有足够的证据来确定单一故障点，并且无法为改善国防部操作管制生物剂和毒素实验室的生物安全问题提出建议。

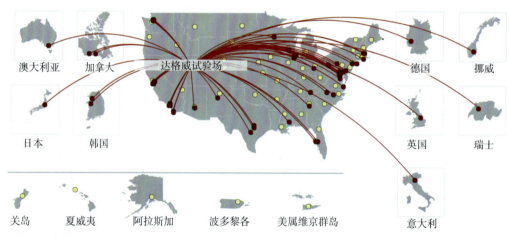

共有194个实验室
● 88个达格威试验场的原始接收者
○ 106个原始接收者的二次接收者

数据来源：CAO关于美国国防部和美国疾病预防控制中心的数据分析（GAO-18-42）

图1-1　美国国防部犹他州达格威试验场某实验室活炭疽杆菌样本泄漏范围[37]

（二）美国GAO最新报告公布存在问题及整改意见

根据2017财年国防授权法案的要求，美国GAO于2018年9月20日向国会提交报

36　Sisk R. Carter Apologizes for Secret Anthrax Shipments to South Korea.

http://www.military.com/daily-news/2015/06/01/carter-apologizes-for-secret-anthrax-shipments-to-south-korea. html，2015-6-01.

37　Government accountability office. Biological Select Agents and Toxins：Actions Needed to Improve Management of DOD's Biosafety and Biosecurity Program：GAO-18-422. Government Accountability Office，2018-09-20

告，审查了美国国防部关于管制生物剂和毒素相关的生物安全和生物安保计划，并根据目前存在的问题提出了相关建议，以期遏制生物安全和生物安保事件再次发生。GAO在2018年公布最新报告之前，已于2017年度两次公布问责报告，对国防部管制生物剂监管情况提出整改意见[38, 39]。

美国政府问责局的报告披露了美国国防部生物安全实验室在如下四个方面存在问题：①尚未建立衡量其生物安全和生物安保整改行动有效性的方法；②尚未明确实施其管制生物剂和毒素相关的生物安全和生物安保计划的战略和实施方案；③尚未形成制度化的措施以确保生物测评任务独立于生物研发任务，从而更具有客观性和可靠性；④尚未完成对其管制生物剂和毒素相关基础设施的研究和评估。

同时该报告提出以下四项整改建议，国防部也接受了这些建议：①建立评估整改措施有效性的方法；②制定管制生物剂和毒素生物安全和生物安保计划相关的战略和实施方案；③采取确保生物测评任务独立性的措施；④制订管制生物剂和毒素相关设施评估研究的时间进度计划。

（三）美国国防部管制生物剂相关实验室现状分析

近年来，美军相关实验室生物安全泄漏和感染事件屡见不鲜，特别是2001年炭疽邮件事件和2015年炭疽样本泄漏事件，不仅引起了美国政府的高度重视，同样也得到了全球广泛关注。可见其在建立健全法律法规、增设专门管理部门、完善实验室资格认证等方面有待改进。

高等级生物安全实验室是生物防御体系的基础支撑平台，是人口健康与动物卫生领域开展科研、生产和服务的重要保障条件。因此，提升生物安全设施建设、管理和运行水平，显得尤为重要。美国是目前世界上拥有生物安全四级（BSL-4）实验室数量最多、总面积最大的国家。2001年"9·11事件"发生前，美国就有5个BSL-4设施，2003年1月，美国总统布什宣布实施"生物盾"计划（Project Bio-shield），目的是使美国在遭受生物武器攻击时，能迅速获取安全而有效的疫苗、药物和治疗手段[40]。围绕"生物盾"计划，美国制订了一系列面向国防和军事应用的项目规划，并且拟建造一批用以储藏和研究最致命病原的BSL-4实验室[41]。目前，美国境内的8个部门已拥有BSL-4设施15个，其中包括运行的、在建的或规划的[42]。美国国防部在美国生物防御体系中占有重

38　Government accountability office. High Containment Laboratories：Coordinated Efforts Needed to FurtherStrengthen Oversight of Select Agents，GAO-18-197T. Government Accountability Office，2017-11-02

39　Government accountability office. High Containment Laboratories：Coordinated Actions Needed to Enhance theSelect Agent Program's Oversight of Hazardous Pathogens，GAO-18-145. Government Accountability Office，2017-10-19

40　Russell P K. Project bioshield：what it is，why it is needed，and its accomplishments so far. Clin Infect Dis，2007，45 Suppl 1：S68-72.

41　Dudley G，Mcfee R B. Preparedness for biological terrorism in the United States：project bioshield and beyond. J Am Osteopath Assoc，2005，105（9）：417-424.

42　Biosafety level.

https：//en.wikipedia.org/wiki/Biosafety_level

要地位，所属的陆军、空军和海军均拥有不同等级的生物安全实验室[43]。这些机构内面向不同军事战略需求的各类生物安全实验室职责明确，在美国"生物盾"建设中发挥重要作用[44]。

1. 生物安全设施先进且技术过硬

美国国防部拥有生物安全二级、三级和四级实验室及相关配套设施，从事高危病原微生物研究的科学家数量庞大、经验丰富且学术造诣高。近年来随着新发再发传染病不断出现，美国国防部对生物安全防御工作高度重视，部分研究机构进行了大规模设施维护和重建。以美国陆军传染病医学研究所为例，该研究所生物安全实验室于2017年完成重建工作，新址面积达78 000m^2，雇佣了包括军队和地方科学家在内的专业人员共计约800人。

其次，美国国防部生物安全实验室分布在海陆空三军各部门，研究领域涉及生物、化学、物理、信息工程、医学救援与防护、机械自动化等多个学科方向，可以满足军队人员健康维护与疾病治疗、生物气溶胶检测与防护、病原微生物致病与传播机制研究、生物和化学武器防御、核辐射防御、新发再发传染病溯源与防护、突发公共卫生事件应急处置与调查等不同军事需求。

2. 各部门职能明确且协同配合

美国国防部在海陆空三军拥有至少7家生物安全研究机构，它们各自隶属于不同职能部门，履行不同职责[45]。陆军传染病医学研究所致力于针对生物战剂和传染病原的医学防御研究[46]；陆军埃奇伍德化学生物中心生物测试部在位于犹他州达格威的试验场一直从事生物和化学武器的测试工作[47]；位于马里兰州阿伯丁试验场的陆军埃奇伍德化学生物中心致力于非医学类化学和生物防御研究，职能包括防御检测装备研发、生化制剂生产和维护、气溶胶科学研究等[48]；海军医学研究中心从事基础和应用生物医学研究以满足美国海军和海军陆战队作战需求[49]；海军水面作战中心达尔格伦分部在所有与系统科学相关的领域进行基础研究[50]；空军711号部队则通过研究、教育和咨询来提高人类的空间作业能力，保障飞行员健康和面对复杂环境的作战能力[51]。

虽各司其职，但各部门在协同配合方面仍旧表现出色，由于其中5所机构在地理位置上极为相近，因而在平台共享、学科交叉、战略支援等领域拥有先天优势。并且美国各部门，在生物安全发展战略制定、生物安全设施资源配置及生物安全课题管理等方面

---

43 Government accountability office. Biological Select Agents and Toxins：Actions Needed to Improve Management of DOD's Biosafety and Biosecurity Program：GAO-18-422. Government Accountability Office，2018-09-20

44 Government accountability office. High-containment laboratories comprehensive and up-to-date policies and stronger oversight needed：GAO-16-566T. Government Accountability Office，2016-04-20

45 Government accountability office. Biological Select Agents and Toxins：Actions Needed to Improve Management of DOD's Biosafety and Biosecurity Program：GAO-18-422. Government Accountability Office，2018-09-20

46 http：//www.usamriid.army.mil

47 http：//www.ecbc.army.mil/

48 http：//www.ecbc.army.mil/

49 http：//www.nmrc.navy.mil/

50 https：//www.navsea.navy.mil/Home/Warfare-Centers/NSWC-Dahlgren/

51 http：//www.wpafb.af.mil/afrl/711HPW/

可以做到统一规划、协调发展和联合作战。

3. 生物安全实验室监管制度有待完善

美国国防部在生物安全管理方面存在漏洞，针对隶属于陆海空三军的生物安全设施设备没有实行统一管理和长期监管，在应对突发生物安全问题时缺少数据支撑和问题排查举措。从近年来美国国防部生物安全事故发生情况看，其发生时间点都是在科学研究过程中，而美国国防部实验室并没有建立动态管理机制。一旦问题出现，无法第一时间获取有效信息以便后期进行故障排查。

此外，国防部众多实验室从事大量高危病原研究，但缺少专门管理部门针对管制生物剂和毒素制定和实施集中管理办法。2015年杜格威试验场寄送活性炭疽杆菌样本事件暴露出美国国防部对于管制生物剂和毒素监管不利的情况。在事件调查过程中，主要是美国国防部和美国政府问责局组成临时调查组进行问责报告，无法形成责任制长期管理办法。

六、物种生物安全

物种生物安全主要是针对生物入侵。生物入侵是指生物经过自然的或人为的途径由原产地侵入另一个相隔很远的新区域，从而对入侵地的生态系统造成危害，影响生物多样性、农业牧渔业生产及人类健康，造成灾难性的后果。以国际贸易、国际大型活动、国际旅游为主的人类活动，是生物入侵的主要途径。随着全球经济一体化的飞速发展，国际进出口贸易和旅游活动将会急剧增加，外来有害物种在不同国家间的传入与转移不可避免。

（一）科学家分析入侵物种的管理和传播的主要问题

一组国际科学家2017年4月7日发布报告《入侵科学：新兴挑战与机遇的审视视野》（Invasion Science：A Horizon Scan of Emerging Challenges and Opportunities）警告，新一波的"生物入侵者"即将袭来。他们提出与未来20年入侵物种管理和传播有关的14个主要问题[52]，主要包括：

生物技术问题：通过遗传修饰管控生物入侵——基因驱动和害虫自灭管理；使用eDNA用于外源物种监控的机遇和挑战；入侵新物种的暴发和新农业实践。

生态问题：适应新环境——遗传学方法或表观遗传学方法；识别土壤生物群对入侵过程的影响；入侵微生物病原菌的全球暴发；入侵过程的快速演化。

社会政治问题：跨洲贸易协定对生物传播的影响；北极圈开放全球影响；地缘政治冲突驱动的生物入侵风险增加；公众参与入侵物种的早期识别和监控；对管理工具的社会文化抵触；对入侵物种的否定主义；对生物入侵利益冲突争议的协商解决框架。

（二）入侵物种岛屿影响更强烈

2017年6月12日，一支由英国杜伦大学主导的国际研究团队首次对全球已建立种

52　Invasion Science：A Horizon Scan of Emerging Challenges and Opportunities.
https://www.sciencedirect.com/user/chooseorg?targetURL=%2Fscience%2Farticle%2Fpii%2FS0169534717300794

群的入侵物种进行了分析。根据这项新研究，全球范围内成种群入侵物种数量最多的3个热点地区是夏威夷群岛、新西兰北岛和印度尼西亚的小巽他群岛。该团队对8个类别的生物数据进行了分析，包括两栖动物、蚂蚁、鸟类、淡水鱼类、哺乳动物、爬行动物、蜘蛛和维管植物，涉及186座岛屿和423个大陆区域。发现表明，人类需要采取更加有效的措施，以阻止外来动、植物进入脆弱的生态系统。

（三）对栖息地要求不高的常见昆虫面临灭绝威胁

人们一直认为只有一些对栖息地要求高的珍稀昆虫濒临灭绝，但新研究发现即便一些常见昆虫也面临巨大威胁。2018年2月5日，德国慕尼黑理工大学等机构的研究人员发表报告说，在不远的将来，一些现在常见的昆虫也可能面临灭绝威胁。研究人员指出，对栖息地要求不高的昆虫通常依赖不同种群间的基因交换，与生活在特定栖息地的昆虫相比，分布广泛的昆虫拥有更加多样化的种内基因库。这类昆虫一旦由于栖息地碎片化，失去通过交换维持基因多样性的机会，那么未来就可能无法适应环境的变化。研究人员认为，未来仅仅建立一些小规模、孤立的自然保护区远远不够，这类自然保护区仅仅有利于保护一些基因结构简单的物种。从中长期来看，一些需要与当地种群交换基因的物种将面临灭绝威胁，这将进一步导致更多昆虫物种减少，从而给整个食物链和生态系统造成严重后果。

（四）联合国报告：全球各地区生物多样性持续恶化

2018年3月23日，联合国框架下致力于保护生物多样性的机构——生物多样性和生态系统服务政府间科学-政策平台（IPBES）发布报告摘要《IPBES区域生物多样性与生态系统服务评估报告》（IPBES Regional Assessment Reports on Biodiversity and Ecosystem Services）[53]。报告摘要表示，全球各地区生物多样性继续恶化，显著威胁人类经济生活和食品安全。过去3年间，550多名专家对全球4个主要地区——美洲地区、亚太地区、非洲地区及欧洲和中亚地区进行了生物多样性调查。结果显示，生态环境压力、过度开采、不可持续的自然资源利用、空气污染、土壤污染、水污染、外来物种入侵和气候变化等原因导致这些地区的自然承载能力不断恶化。但报告认为，不可持续的水产养殖和过度捕捞等对海洋生态系统的威胁更大，按目前的捕捞速度，到2048年，亚太地区可能将面临无鱼可捕的境地。对生态、文化和经济至关重要的珊瑚礁在亚太地区也受到严重威胁。即便按照气候变化的保守模式估计，至2050年，多达9成的珊瑚礁将严重退化。报告指出，在欧洲和中亚地区，有超过27%的海洋物种"保护不力"，只有7%的海洋物种"保护得力"。该平台执行秘书安妮·拉里戈德里表示，各地区未能优先推动政策和行动去阻止、逆转生物多样性消失。自然对人类的供养能力持续恶化，严重危害了所有国家实现其全球发展目标的能力。联合国粮农组织总干事若泽·格拉齐亚诺·达席尔瓦表示，这些地区评估再次证明生物多样性是地球上最重要的资源之一，对食品安全也很重要，世界许多地区的生物多样性受到严重威胁，国家、地区和全球层面

---

53 IPBES Regional Assessment Reports on Biodiversity and Ecosystem Services.
https：//www.ipbes.net/assessment-reports/eca

的决策者应及时采取行动。

（五）南非外来入侵物种危及资源和生物多样性引关注

2018年11月2日南非国家生物多样性研究所发表了一份报告。研究人员整理了来自该国各地相关机构的数据，以衡量生物入侵的不同情况。该报告指出，外来入侵物种，包括啃食森林的黄蜂、耐寒的北美鲈鱼和吸引蚊子的树木，每年给当地造成大约65亿兰特（4.5亿美元）的经济损失，并可减少约1/4的生物多样性。

南非累计发现外来物种达2034种，775个种群具有入侵性，107种可对环境造成巨大的负面影响。这些物种中，大部分是为农业、林业、园艺、海水养殖、水产养殖和宠物贸易而特意引进的，还有的随船只和飞机上的偷渡者携带引进。入侵物种包括1962年首次在南非发现的黄蜂，它严重威胁到南非价值160亿兰特的林业生产；来自阿根廷的蚂蚁，它扰乱了本地植物的种子传播；以及原产于南美洲的水葫芦，它阻塞了该国的水坝和水道；牧豆树，这种灌木破坏了动物牧区，促进了携带疟疾的按蚊种群的增长。

研究人员发现，南非的入侵物种不仅降低了牧场条件和承载能力、增加了火灾危险、侵蚀了生物多样性，而且对供水造成了令人震惊的损失。今年，开普敦几乎成为世界上最缺水的城市。外来植物每天消耗的水量超过1亿升，约占该市日常用水量的1/5。专家警告，到2050年，由入侵物种造成的水资源损失可能会增加两倍，因为包括黑荆树和簇生松树在内的树木正在蔓延。最新的报告估计，如果不加以控制，入侵的灌木可能会威胁到开普敦等城市1/3的供水，并消耗该国年平均降雨量的5%。

七、人类遗传资源安全

人类遗传资源是指含有人体基因组、基因及其产物的器官、组织、细胞、核酸、核酸制品等资源材料及其产生的信息资料，是开展生命科学研究的重要物质和信息基础。随着基因测序等生物技术的进步，人类遗传资源样本及其信息资料更易进行收集和传播。近年来，中国、俄罗斯和部分非洲国家都不同程度地发生了人类遗传资源流失的情况。

（一）我国对6家违反人类遗传资源管理规定的机构进行处罚

我国重视人类遗传资源的保护，先后发布了《人类遗传资源管理暂行办法》《人类遗传资源采集、收集、买卖、出口、出境审批行政许可服务指南》《科技部办公厅关于优化人类遗传资源行政审批流程的通知》等管理办法，设立了"人类遗传资源采集、收集、买卖、出口、出境审批"行政审批受理窗口和督查台账，成立了中国人类遗传资源管理办公室，专门对涉及人类遗传资源的项目和利用进行管理。但随着基因测序技术等生命科学技术的飞速发展、国际合作的增多，人类遗传资源的获取和转移变得更加的容易，违规违法手段也日趋多样化和隐蔽化。近年来，我国发生多起违规事件，截至2018年10月24日，科学技术部共对复旦大学附属华山医院、华大科技公司、药明康德公司、昆皓睿诚公司、厦门艾德生物公司、阿斯利康公司6家单位进行了处罚，相关处罚决定已于2018年10月24日公布。

1. 复旦大学附属华山医院

2015年09月07日科技部对复旦大学附属华山医院进行了处罚，具体情况如下[54]。

根据《人类遗传资源管理暂行办法》（国办发〔1998〕36号）、《中华人民共和国行政处罚法》等有关规定，中国人类遗传资源管理办公室对复旦大学附属华山医院开展的"中国女性单相抑郁症的大样本病例对照研究"国际科研合作情况进行了调查。经查明，存在以下违法违规行为：华山医院与深圳华大基因科技服务有限公司未经许可与英国牛津大学开展中国人类遗传资源国际合作研究，华山医院未经许可将部分人类遗传资源信息从网上传递出境。

华山医院的行为违反了《人类遗传资源管理暂行办法》第四条、第十一条、第十六条规定。根据《人类遗传资源管理暂行办法》第二十一条及《中华人民共和国行政处罚法》有关规定，对华山医院的处罚如下：①立即停止该研究工作的执行。②销毁该研究工作中所有未出境的遗传资源材料及相关研究数据。③停止华山医院涉及我国人类遗传资源的国际合作，整改验收合格后，再行开展。

2. 深圳华大基因科技服务有限公司

2015年09月07日，科技部对深圳华大基因科技服务有限公司进行了处罚，具体情况如下[55]。

根据《人类遗传资源管理暂行办法》（国办发〔1998〕36号）、《中华人民共和国行政处罚法》等有关规定，中国人类遗传资源管理办公室对深圳华大基因科技服务有限公司执行"中国女性单相抑郁症的大样本病例对照研究"国际科研合作情况进行了调查。经查明，华大科技公司存在以下违法违规行为：华大科技公司与华山医院未经许可与英国牛津大学开展中国人类遗传资源国际合作研究，华大科技未经许可将部分人类遗传资源信息从网上传递出境。

华大科技公司的行为违反了《人类遗传资源管理暂行办法》第四条、第十一条、第十六条规定。现根据《人类遗传资源管理暂行办法》第二十一条及《中华人民共和国行政处罚法》有关规定，对华大科技公司的处罚如下：①停止该研究工作的执行。②销毁该研究工作中所有未出境的遗传资源材料及相关研究数据。③停止华大科技公司涉及我国人类遗传资源的国际合作，整改验收合格后，再行开展。

3. 苏州药明康德新药开发股份有限公司

2016年10月21日，科技部对苏州药明康德新药开发股份有限公司进行了处罚，具体情况如下[56]。

根据《人类遗传资源管理暂行办法》（国办发〔1998〕36号）、《中华人民共和国行政处罚法》等有关规定，中国人类遗传资源管理办公室对苏州药明康德新药开发股份有限公司涉嫌违反人类遗传资源管理规定一案进行调查。经查明，存在以下违法违规

---

54 国科罚〔2015〕1号.

http://www.most.gov.cn/bszn/new/rlyc/xzcf/201810/t20181011_142042.htm

55 国科罚〔2015〕2号.

http://www.most.gov.cn/bszn/new/rlyc/xzcf/201810/t20181011_142043.htm

56 国科罚〔2016〕1号.

http://www.most.gov.cn/bszn/new/rlyc/xzcf/201810/t20181011_142045.htm

行为：苏州药明康德公司未经许可将5165份人类遗传资源（人血清）作为犬血浆违规出境。

苏州药明康德公司的行为违反了《人类遗传资源管理暂行办法》第四条、第十六条规定。现根据《人类遗传资源管理暂行办法》第二十一条及《中华人民共和国行政处罚法》有关规定，对苏州药明康德公司处罚如下：①对苏州药明康德公司进行警告。②没收并销毁该项目中人类遗传资源材料。③科技部暂停受理苏州药明康德公司涉及我国人类遗传资源的国际合作和出境活动的申请，整改验收合格后，再予以恢复。

4. 阿斯利康投资（中国）有限公司

2018年7月12日，科技部对阿斯利康投资（中国）有限公司进行了处罚，具体情况如下[57]。

根据《人类遗传资源管理暂行办法》（国办发〔1998〕36号）、《中华人民共和国行政处罚法》等有关规定，中国人类遗传资源管理办公室对阿斯利康投资（中国）有限公司违反人类遗传资源管理规定一案进行调查。经查明，阿斯利康投资（中国）有限公司存在以下违法违规行为：阿斯利康投资（中国）有限公司未经许可将已获批项目的剩余样本转运至厦门艾德生物医药科技股份有限公司和昆皓睿诚医药研发（北京）有限公司，开展超出审批范围的科研活动。

阿斯利康投资（中国）有限公司的上述行为违反了《人类遗传资源管理暂行办法》第四条和第十一条规定。现根据《人类遗传资源管理暂行办法》第二十二条和《中华人民共和国行政许可法》及《中华人民共和国行政处罚法》有关规定，对阿斯利康投资（中国）有限公司的处罚如下：①对阿斯利康投资（中国）有限公司进行警告。②没收并销毁违规利用的人类遗传资源材料。③撤销国科遗办审字〔2015〕83号、〔2016〕837号两项行政许可。④停止受理阿斯利康投资（中国）有限公司涉及中国人类遗传资源国际合作活动申请，整改验收合格后，再进行受理。

5. 厦门艾德生物医药科技股份有限公司

2018年7月12日，科技部对厦门艾德生物医药科技股份有限公司进行了处罚，具体情况如下[58]。

根据《人类遗传资源管理暂行办法》（国办发〔1998〕36号）、《中华人民共和国行政处罚法》等有关规定，中国人类遗传资源管理办公室对厦门艾德生物医药科技股份有限公司违反人类遗传资源管理规定一案进行调查。经查明，厦门艾德生物医药科技股份有限公司存在以下违法违规行为：厦门艾德生物医药科技股份有限公司未经许可接收阿斯利康投资（中国）有限公司30管样本，拟用于试剂盒研发相关活动。

厦门艾德生物医药科技股份有限公司的行为违反了《人类遗传资源管理暂行办法》第四条和第十一条规定。根据《中华人民共和国行政处罚法》和《人类遗传资源管理暂行办法》有关规定，决定处罚如下：①对厦门艾德生物医药科技股份有限公司进行警告。②没收并销毁违规利用的人类遗传资源材料。

57　国科罚〔2018〕1号.
http://www.most.gov.cn/bszn/new/rlyc/xzcf/201810/t20181011_142046.htm
58　国科罚〔2018〕2号.
http://www.most.gov.cn/bszn/new/rlyc/xzcf/201810/t20181011_142048.htm

6. 昆皓睿诚医药研发（北京）有限公司

2018年7月31日，科技部对昆皓睿诚医药研发（北京）有限公司进行了处罚，具体情况如下[59]。

根据《人类遗传资源管理暂行办法》（国办发〔1998〕36号）、《中华人民共和国行政处罚法》等有关规定，中国人类遗传资源管理办公室对昆皓睿诚医药研发（北京）有限公司违反人类遗传资源管理规定一案进行调查。经查明，昆皓睿诚医药研发（北京）有限公司存在以下违法违规行为：昆皓睿诚医药研发（北京）有限公司未经许可接收阿斯利康投资（中国）有限公司567管样本并保藏。

昆皓睿诚医药研发（北京）有限公司的上述行为违反了《人类遗传资源管理暂行办法》第四条和第十一条规定。根据《中华人民共和国行政处罚法》和《人类遗传资源管理暂行办法》有关规定，决定处罚如下：①对昆皓睿诚医药研发（北京）有限公司进行警告。②没收并销毁违规利用的人类遗传资源材料。

（二）普京指责美国搜集俄罗斯人基因样本

2017年10月31日，俄罗斯总统普京发出警告称有外国势力正在收集俄罗斯人的基因样本[60]。

2017年10月31日，俄罗斯总统普京在俄公民社会和人权理事会一次会议上发出警告，称有神秘国外势力正在采集俄罗斯公民的DNA数据，要求政府警惕可能针对俄罗斯进行的生化袭击。随后，克里姆林宫发言人德米特里佩斯科夫也出面证实，其称就俄罗斯政府掌控的信息，某些外国使者、非政府组织及其他机构正在从事这方面的活动。

一些俄罗斯媒体对外表示，虽然普京和克里姆林宫方面均未提及美国，但他们怀疑的目标可能就是美国。早在2017年7月，美国空军教育训练司令部曾发布招募信息，特别指明需要获取俄罗斯人的核糖核酸（RNA）和滑膜液样本，并称全部样本（12份RNA和27份滑膜液）必须"来自俄罗斯境内的白种人"，所有样本都应在俄罗斯采集。

（三）非洲埃博拉感染血液样本使用问题重重

法国《世界报》2019年1月22日刊发文章，报道了美欧等国在埃博拉疫情发生后派出大批工作人员并投入大量资源开展疫情防控，其间获取了大量患者血液样品。在这些血液样本的处理上，存在着管理混乱、生物剽窃、知情同意困境等诸多问题。

《世界报》对2014—2016年非洲埃博拉疫情期间的患者血液样本的使用情况进行了深度调查。据该报从世界卫生组织处获得的未公开的数据显示，在塞拉利昂、几内亚和利比里亚三国，共有近269 000个样品被采集，其中塞拉利昂151 000个，利比里亚71 000个，几内亚47 000个。报道指出，最初收集这些样品是出于诊断目的，多由各国团队在现场进行分析，但此后大量样本未经西非三国审批和监管就被带出境，流入到美

---

59 国科罚〔2018〕3号.

http://www.most.gov.cn/bszn/new/rlyc/xzcf/201810/t20181011_142050.htm

60 《Мы—объект очень большого интереса》: Путин рассказал о целенаправленном сборе биоматериала россиян.

https://russian.rt.com/russia/article/444609-putin-biomaterial-rossiyane

欧等国的研究机构，而法国、英国、美国这些国家在面对记者采访要求时经常以"国防保密"的理由拒绝将有关信息公开。更令人担忧的是，在对这些血液样本进行研究时，患者的知情同意权形同虚设，在某些情况下，甚至不能保证患者的匿名性，通过很多方式都可以识别出样本背后的患者信息[61]。

（军事科学院军事医学研究院　陈　婷　周　巍　高云华　王中一）

（山东省科学院情报所　王　燕　魏惠惠　崔姝琳　沈晓旭）

（中国人民解放军疾病预防控制中心　李晓倩）

61　https：//www.lemonde.fr/Afrique/article/2019/01/22/Ebola-Les-militaires-s-interessent-de-Pres-au-virus_5412823_3212.html

第二章

国外生物安全管理

2017～2018年，英美等国密集出台国家层面生物安全战略或重要生物安全文件，西方发达国家进一步加强在生物安全方面的管理。2018年是《禁止生物武器公约》八审会后新一轮会间会的首年，由于面对新的议程设置，各方均高度关注并积极参与，年度专家组会与缔约国会如其举行。联合国新任秘书长古特雷斯首次发布"裁军议程"战略文件，凸显其将军控裁军问题置于优先地位的战略考量。

一、生物安全战略与计划

近年来，全球传染病疫情此起彼伏，SARS、禽流感、埃博拉、寨卡病毒等疫情让公共卫生安全频亮红灯。生物技术被滥用的潜在风险不断升级，生物恐怖活动和新兴生物威胁源及投送方式的不确定性也在增加，生物恐怖防御难上加难。进入21世纪以来，尤其是美国"9·11事件"及炭疽邮件事件之后，世界各国高度关注生物安全形势变化，陆续出台了一系列国家层面的战略、法律和计划，将生物安全上升至国家安全的高度。

（一）生物安全国家战略和法规

近两年来，英美等国密集出台国家层面生物安全战略或重要生物安全文件，统筹谋划各自国家生物安全战略部署，抢抓生物安全战略优势，谋求生物安全战略主动。

1. 美国出台多个战略与政策

美国总统特朗普于2017年12月18日发布了他上任后的首份《国家安全战略》（*National Security Strategy*）全面阐述了其关于国家安全的政策立场。该《战略》高度重视生物安全问题，将"抵御大规模杀伤性武器"和"对抗生物武器与流行病"作为国家安全第一支柱的前两项内容，提出要从检测、防扩散、支持生物医药创新、提高应急响应速度等方面采取积极措施，切断威胁之源，确保美国人民的安全[1]。

此后，美国政府2018年9月18日正式推出《国家生物防御战略》，同日特朗普总统签署《国家安全总统备忘录》，可以说该战略在政策导向上与2018年《美国国家安全战略》保持高度一致。该战略由国防部、卫生和公众服务部、国土安全部、农业部共同起

---

[1] National Security Strategy of the United States of America. 2017-12.

https://www.whitehouse.gov/wp-content/uploads/2017/12/NSS-Final-12-18-2017-0905-2.pdf

草，设定了五大目标[2]：一是增强生物防御的信息辅助决策能力，包括收集和评估生物安全情报、监测预警、风险评估等信息；二是提高生物威胁防范能力，包括自然发生传染病防控、全球卫生防疫、生物武器及相关材料与递送工具防范、生物安全相关项目监督等；三是确保做好应急准备，包括生物防御科技创新、医疗措施强化、生物事件预防、生物事件事后恢复、及时公共沟通与安抚、生物事件污染消除、境内和国际合作等；四是提升快速反应能力，包括共享信息、协调各级政府机构的反应行动、调查与追责、及时准确通告；五是提高快速恢复能力，包括关键设施恢复、尽快摆脱生物事件危害效应、减轻生物事件长期影响、减小生物事件国际连锁反应等。

基于合成生物学发展带来的挑战，美国国家科学院2018年6月23日发布了《合成生物学时代的生物防御》报告[3]。该报告对合成生物学时代的生物防御威胁进行深入评判，提出战略性指导框架，应用该框架评估合成生物学的潜在风险，并为生命科学和生物技术发展的安全风险评估奠定基础。此外，报告认为，合成生物学时代的生物技术拓展了美国国防部需要关注的生防领域，美国国防部在继续推进现行化生防御战略的基础之上，还需要应对合成生物学发展带来的更广泛威胁。

美国国立卫生研究院院长弗朗西斯·柯林斯（Francis Collins）2017年12月宣布解除于2014年10月暂停资助流感、重症急性呼吸综合征（SARS）和中东呼吸综合征（MERS）病毒的功能获得性（GOF）研究的决定[4]。柯林斯当天发布了《卫生与公共服务部潜在大流行病原体功能增强研究资助指导框架》（HHS P3CO）。该框架确定了资助机构和部级评审小组对研究资助的多学科审查过程，评估了科学研究价值和潜在益处，以及创造、转移或者使用潜在大流行强化病原体的风险。这一指导框架将加强联邦政府对潜在大流行病原体研究资助的监管。该指导框架是公共和私营部门广泛协商的产物，并与《潜在大流行病原体操作与监督部级审查机制政策指南建议》（P3CO）相一致。

2. 英国发布国家生物安全战略

2018年7月30日，英国政府发布《英国生物安全战略》。该战略首次将英国政府各部门的生物安全相关工作进行协调整合，以保护英国及其国家利益免遭重大生物危害[5]。战略指出，英国应对生物安全基于两项基本原则：一是采取"全谱风险"应对方法；二是通过海外行动从源头上遏制生物威胁。基于上述原则，英国生物安全应对举措将建立在感知、预防、检测和响应四大支柱之上。下一步工作重点包括：①进一步加强各政府部门的科学理解能力，及时发现一切与生物风险相关的科技挑战和差距；②进一步协调生物科技各学科融合，投资4亿英镑建设一个公共卫生科学中心；③注重面向未来的基础科学研究，确保政府投入力度；④与企业界和学术界进行更紧密合作，实时预测、检

2　National Biodefense Strategy. 2018-9.

https：//www.whitehouse.gov/wp-content/uploads/2018/09/National-Biodefense-Strategy.pdf

3　Biodefense in the Age of Synthetic Biology

https：//www.nap.edu/catalog/24890/biodefense-in-the-age-of-synthetic-biology

4　Notice Announcing the Removal of the Funding Pause for Gain-of-Function Research Projects.

https：//grants.nih.gov/grants/guide/notice-files/NOT-OD-17-071.html

5　UK biological security strategy. 2018-7.

https：//www.gov.uk/government/uploads/system/uploads/attachment_data/file/730213/2018_UK_Biological_Security_Strategy.pdf

测和了解英国重要动植物健康问题及新发威胁。此外，战略还建议成立一个"跨部门治理委员会"，负责监管这些举措落实。

3.加拿大推出公共卫生应急预案

2018年1月4日，加拿大公共卫生署对外公布，该国相关部门已于2017年10月审核并通过了《联邦、省和地区生物事件公共卫生应急预案》[6]。预案包含正文和附录两部分。正文由两部分构成：行动方针和组织指挥体系。行动方针统领整个应急预案，囊括了从事件通报、计划启动到最终的阶梯应对策略等一系列具体步骤和措施。仿照公共卫生网络委员会的日常管理架构，该预案组织指挥体系由一个特别咨询委员会和技术、后勤、联络通讯三个主要的业务部门组成。运行模式突出强调简化响应流程、明确职权责任，促进高水平的态势感知，集中风险管理和任务分派等。业务部门则由工作组或委员会负责具体指导。整个指挥体系通过特别咨询委员会向联邦、省和地区卫生副部长会议（CDMH）负责。此外，该预案还谈到了医疗卫生部门的参与，描述了指挥体系的运行模式，以及联邦与省和地区指挥中心如何进行交流和互动。附录部分包括制订该预案的指导原则、联邦、省和地区中各关键部门和个人扮演的角色及其职责的概述、指挥体系中各部门的权限界定。

（二）美国生物防御计划进展

1.美国国土安全部计划利用新系统取代生物侦测计划

据美国国土安全部网站2018年9月报道，国土安全部计划利用新的监控系统取代迟缓过时的生物侦测（BioWatch）计划，新系统将借助大数据和分布式传感器，以更快、更早地预知生物威胁。生物侦测计划始于2003年，国土安全部利用该计划检测美国30个城市的生物恐怖行为，将收集24小时以上的空气样本送到实验室，并使用聚合酶链反应分析毒素或病原体DNA。由于现有生物侦测计划的实时监测设备检测速度较慢，在样本被送往实验室后的10多个小时内，才能作出"是否部署了生物制剂"的判断，从出现样品到作出判断，时间长达39小时。因此，国土安全部计划用新的监测系统——BioDetection21来取代这一计划。新系统将增加传感器，其中包括政府手机上的传感器；更好地利用分散在海关和边境巡逻，以及交通安全局等政府机构的传感器；进一步整合所有数据，让每个人都能看到其他人在做什么。目前他们正在部署实时触发器，用于生物传感和识别异常。

2.美国国防高级研究计划局启动"表观遗传学表征与观察"计划，为防制大规模杀伤性武器扩散提供新工具

2018年2月，美国国防高级研究计划局（DARPA）启动了一项新计划——"表观遗传学表征与观察（ECHO）"计划，旨在开发可现场部署的平台技术，快速读取人体表观基因组，并识别其是否接触过与大规模杀伤性武器（WMD）相关的材料。凭借ECHO技术，现场人员能够立即知道可疑对象是否处理或接触过威胁剂。该技术也可作为部队内部的诊断工具，对传染病患者或威胁剂接触者作出诊断，进而及时为患者提

6　Federal/Provincial/Territorial Public Health Response Plan for Biological Events.

https://www.canada.ca/content/dam/phac-aspc/documents/services/emergency-preparedness/public-health-response-plan-biological-events/pub1-eng.pdf

供医疗对策。ECHO计划为期4年，研究人员将面临两个主要挑战：识别和区分因暴露于威胁因子而产生的表观遗传特征；创建相应技术，执行高度特定的法医和诊断分析，揭示确切的威胁剂类型和暴露时间。DARPA利用表观遗传学检测大规模杀伤性武器材料，该技术具有广泛的应用前景，能够显著提高美国的生物防御能力，并为其军队提供支持。

3. 美国国防高级研究计划局启动SIGMA$^+$计划

美国国防高级研究计划局2018年2月20日宣布启动SIGMA$^+$计划，该计划是对现有SIGMA计划的扩展，SIGMA计划主要针对放射性和核材料的检测。SIGMA$^+$计划致力于开发新的传感器和网络，以进一步检测化学、生物和爆炸物威胁。SIGMA$^+$的目标是开发一种能够应对各种威胁的实时、持续性CBRNE早期检测系统，该系统的研发需要利用传感、数据融合、分析，以及社会和行为建模等多种先进技术。为了实现这一目标，美国国防高级研究计划局要求开发高灵敏度探测器和先进的智能分析技术，以检测与WMD威胁相关的各种物质的微量痕迹。SIGMA$^+$将使用通用网络基础设施和移动感应策略，该策略在SIGMA计划中被证明是行之有效的。SIGMA$^+$CBRNE检测网络可覆盖主要大城市及其周边地区。为了及时预警生物恐怖袭击事件的发生，如释放炭疽、天花或瘟疫病毒，SIGMA$^+$寻求能够实时检测各种病原体的传感器。该计划旨在提供对病原体背景水平和峰值的即时、持续监测，通过检测这些指标来监控生物制剂的恶意释放。新的环境及用于检测威胁的生物力学和生物化学传感方法可以使系统灵敏度比目前最先进系统高10倍，从而能够在数日内检测到更广泛的生物攻击，最大限度地提高对策和预防措施的有效性。

4. 美国国防威胁降减局授予大规模杀伤性武器"合作减少威胁计划"合同

2018年6月，美国国防威胁降减局（DTRA）授予多家公司大规模杀伤性武器（WMD）"合作减少威胁计划"合同。该计划的任务是与有意愿的国家合作，减少来自WMD及相关材料、技术、设施和专业知识的威胁。国防威胁降减局最近向下列组织批准了一项无限期交货/不限定数量（IDIQ）采购计划和多项奖励服务合约，以为这些机构提供支持，包括博莱克威奇公司、雷神公司、URS联邦服务公司、帕森斯政府服务国际公司、美国西图股份有限公司、PAE国家安全解决方案有限公司。根据IDIQ签发的任务订单，在最后订购日期过后一般可持续三年时间。每项订单都有资金支持，基础IDIQ合同中不承担任何资金义务。6份合同的最高拨款限额为9.7亿美元。美国此举是其提升国家安全威胁应对能力的重要举措，能够有效防控生物武器在内的WMD威胁，提升其生物安全防御水平。

二、国际生物军控多边进程

2018年是《禁止生物武器公约》八审会后新一轮会间会的第一年，由于面对新的议程设置，各方均高度关注并积极参与。联合国新任秘书长古特雷斯首次发布"裁军议程"战略文件，凸显其将军控裁军问题置于优先地位的战略考量。

（一）《禁止生物武器公约》专家组会

2018年8月6～17日，2018年度《禁止生物武器公约》专家组会在联合国日内瓦总部如期举行[7]。本次会议在联合国驻瑞士日内瓦总部召开，来自100个缔约国、2个签约国（海地和坦桑尼亚）、1个非缔约国（以色列），以及世界卫生组织、世界动物卫生组织、禁止化学武器公约组织、国际红十字会、国际科学技术中心、国际粮农组织、国际刑警组织等国际组织的代表参加了会议，日内瓦论坛、伦敦国王学院、布拉德福大学等26个非政府组织和学术机构列席会议。本次会议是2018 ～ 2020年会间会阶段的首次会议，围绕国际合作与援助、科技审议、国家履约、受害国家援助应对与准备、加强公约机制等五项议题进行讨论，讨论议题之广前所未有。同时，各方还组织了19场边会活动，对合成生物学、实验室生物安全、科学家行为准则等问题进行了非官方的专题研讨，充分反映了国际上以《禁止生物武器公约》为核心的生物安全重要动向及各方关切。与会各方充分表达各自立场关切，经激烈磋商，最终形成5份报告。

1. 国际合作与援助

国际合作与援助一直是发达国家与发展中国家在生物军控领域分歧较大的议题。在该议题下主要针对援助与合作数据库、挑战与应对、教育与培训进行重点讨论。发展中国家呼吁公平，要求发达国家履行公约第十条义务，设立《禁止生物武器公约》框架下的国际合作专门机制，取消歧视性生物技术出口控制。而发达国家则关注安全，强调国际合作援助应确保遵约为前提，不能损害公约宗旨。

2. 科技审议

科技审议是目前生物军控磋商与谈判过程中呼声最高、分歧最少的议题。生物技术发展在极大促进了人类社会发展的同时，其潜在谬用风险已引起国际社会广泛重视。各国普遍关注生物技术发展带来的潜在风险，要求加强对生物科技发展的审议。会议主要针对科学家行为准则、风险评估、基因编辑进行重点讨论。会议期间，美国提交"合成生物学时代的生物防御"工作文件，英国提交"英国生物安全战略"工作文件。

3. 国家履约

在该议题下主要针对出口管制、同行评议、建立信任措施进行重点讨论。西方国家继续推行"同行评议"机制，法国重点介绍了在"同行评议"中的做法及经验教训。各国就如何优化建立信任措施宣布陈述了观点，美方建议增加民间生物防御项目、基因修饰生物体相关的立法、动物疫苗生产设施的宣布，俄罗斯建议增加宣布海外实验室内容，伊朗强调建立信任措施机制的自愿提交性质。

4. 援助应对与准备

在该议题下主要针对面临的挑战、生物医学机动单位、援助数据库进行重点讨论。美国等西方国家强调秘书长调查机制的重要性，认为秘书长调查机制在指称使用生物武器的调查中是最佳选择，但事实上，联合国秘书处并不拥有现场调查人员和配有专业设备的认证实验室，无法保证临时性抽组的现场小组具有团队能力和互操作性。俄罗斯继续推行组建"生物医学机动单位"，履行调查、援助与保护、传染病预防国际合作三项职能，俄罗斯提出"生物医学机动单位"可纳入公约第七条数据库，得到美国、英国、瑞士、瑞典等国家支持。此外，美国、英国等西方国家刻意模糊自然疫情暴发和指称

7　2018 Meetings of Experts.
https://unog.ch/80256EE600585943/（httpPages）/A8850DE2E9D56A20C125825C003B0E88?OpenDocument

使用生物武器致疫情暴发的区别，意图借人道主义援助的名义实施其在全球的国家战略部署。

5. 加强公约机制建设

在该议题下主要针对通过法律措施加强公约机制进行重点讨论。发达国家拒绝有法律约束力的核查，坚持通过同行评议、秘书长调查机制或建立信任措施等加强公约机制。美国明确提出继续核查谈判没有可行性，并提交了"加强公约机制"的工作文件，首次详细阐述了美国拒绝公约核查议定书谈判的原因，认为核查和传统意义上的武器控制在21世纪不适用，通过核查发现明显违约行为存在困难，主要体现在以下几个方面：①由于生物技术的两用性特点，很难区别生物武器设施与普通生物设施，很难通过核查发现其非法活动痕迹；②武装冲突性质发生了变化，大规模生产和储存武器化生物材料不再是必要的；③非国家行为体已经成为国际安全的严重威胁；④缺乏明确证据的核查可能会影响正常的活动，暴露国家商业机密。

（二）《禁止生物武器公约》缔约国会

2018年度《禁止生物武器公约》缔约国会于12月3～8日在瑞士日内瓦如期举行，马其顿驻日内瓦代表团临时代办乔金斯基担任会议主席，来自114个缔约国的代表参加会议，4个签约国、2个观察员国，以及世界卫生组织、禁止化学武器组织等10余个国际组织和近30个非政府组织和学术机构列席会议[8]。本次会议是公约新一轮会间会进程开展实质性工作的首场缔约国会议，对于维护公约在国际安全中的地位、跟进全球生物安全治理转型，具有重要意义。各方高度重视公约多边平台，包括中国在内的62个缔约国代表做一般性辩论发言，阐述各国政府推进公约多边进程、维护国际生物安全的立场关切和提案主张；经过反复磋商沟通和相互妥协，会议讨论并通过了解决财务预算问题方案，审议了科技发展、国际合作、国家履约、援助应对准备、公约机制等年度专家组会报告。本次会议各方交锋更为激烈，集中反映出国际社会更加关切全球生物安全治理，主要国家更加倚重公约多边平台，谋求全球生物安全治理主导权。

1. 公约进程政治化趋势明显

会议期间，美国等西方国家与俄罗斯和伊朗、印尼等不结盟国家交锋激烈，凸显公约进程政治化趋势日益增强。美反对委内瑞拉担任会议副主席，并拒绝协商一致讨论，印尼等不结盟国家反应强烈；俄继续指责美军在格鲁吉亚部署生物安全设施、开展生物武器试验，并谴责瑞士海关搜查俄罗斯此次参会的外交官；乌克兰则指责俄罗斯侵占克里米亚生物设施病毒样本，与俄罗斯在会场上多次交锋。

2. 公约机制建设分歧犹存

美国等西方国家反对重启核查议定书谈判，德国、瑞士等国会同联合国裁军事务办公室在会议期间组织边会，介绍"联合国秘书长调查指称使用生化武器机制"实验室网络建设和推动实验室水平测试情况；不结盟国家坚持要求重启核查议定书谈判，俄罗斯强调公约是应对生物武器威胁的唯一国际平台，只有安理会才有权启动调查，反对在公

8　2018 Meeting of States Parties.

https：//unog.ch/80256EE600585943/（httpPages）/C550A7F7B6D5A9A0C125830E002B2728?OpenDocument

约框架外另建平行机制。围绕第七条违约援助机制建设的讨论形成势头，俄罗斯继续推动组建"生物医学机动单位"实施国际援助，并与英国联合提交卫生应急工作文件。此外，美国等西方推广"同行审议"等自愿性透明机制，针对俄罗斯指责，美国推动欧盟专家参访其援建的格鲁吉亚实验室。

3. 生物科技发展与规管获高度关注

各方关注基因编辑、合成生物学等突破性进展，认为其潜在谬用风险逐步加大，研发、制造、获取生物武器的门槛大幅降低，呼吁加强生物两用科技的安全风险评估和有效监管。发展中国家强调在公约框架下制定"科学家行为准则"的重要性，呼吁缔约国以开放心态共同推进这项工作。

（三）联合国发布最新裁军文件

2018年5月24日，联合国秘书长安东尼奥·古特雷斯通过联合国裁军事务办公室新发布了一个名为"保护我们共同的未来——裁军议程"的文件[9]。内容共分五部分，其中关于生物武器裁军的内容主要在第二部分中。

1. 建立常设协调能力，对指称使用生物武器开展调查

蓄意使用疾病作为武器被公众认为是令人厌恶和非法的。没有国家公开承认拥有生物武器或为了国家安全而拥有它们。但是随着科学技术的发展，非国家行为体获取和研发的门槛越来越低。《禁止生物武器公约》尽管对这些问题有一个初步的国际框架。但是整体较弱，国家履约参差不齐，并且公约没有针对应对生物武器袭击的应对能力和核查遵约的条款。2013年联合国秘书长试行针对叙利亚指称使用化学武器使用了独立的调查权限。联合国秘书长和裁军事务高级代表将与缔约国一道，按照第42/37C号决议，建立一个核心的常设协调能力，首先形成一个临时性的常设能力，对指称使用生物武器开展独立调查，并同时寻求联合国大会通过形成长期的决议。联合国裁军事务办公室将与所有相关的联合国国家合作，促进制订一个确保应对使用生物武器的国际协调机制。

2. 提高调查小组快速部署能力

使用生物武器和化学武器的情况有很大不同。《禁止生物武器公约》没有组织机构或检查团。秘书长有独立权利和能力对可信的指称使用生物武器情况展开调查。吸取2013年叙利亚化学武器调查的经验教训，裁军事务办公室将通过加强专家培训和可行的计划能力提高调查小组快速部署能力，重点是针对指称使用生物武器的调查。

3. 加强公约有效性

随着科学技术的发展，降低了生物武器购买、获取和使用的门槛，增加了生物武器使用的风险。因此，需要加强《禁止生物武器公约》有效性。通过与全球卫生安全领域加强联系，关注两用性研究进展等实现。科技发展将对裁军有重要影响。从非扩散的角度看，新技术使得武器的获取的使用更容易，如合成生物学、基因编辑技术和3D打印技术等。

9　United Nations Office for Disarmament Affairs．Securing Our Common Future．
https：//s3.amazonaws.com/unoda-web/wp-content/uploads/2018/06/sg-disarmament-agenda-pubs-page.pdf

（四）国际合作交流活动频繁

1. 美国和印度举行多次生物安全战略对话

2018年2月和9月，美国约翰·霍普金斯大学卫生安全中心和印度科技部生物技术中心联合主办第四、五届美印生物安全战略对话会，分别在印度和美国举行[10]。生物安全对话会的目的是进一步讨论美印各自的生物安全威胁态势，交流从过去危机中吸取的教训，比较制定国家生物安全政策的方法，并确定可采取的下一步行动，促进两国在共同关心的关键生物安全问题上的双边合作。会议由五个分会组成，讨论的议题包括西半球和南亚地缘政治背景的变化；美印不断发展的生物安全威胁；生物安全方面的科学挑战，包括合成生物学的进展和病原体管理的未来发展；协调科技、监控和公共卫生工作的对策。

2. 印度正式加入澳大利亚集团

2018年1月19日，印度外交部对外宣布，印度已经完成所有相关手续，于当日正式加入澳大利亚集团（Australia Group）[11]。澳大利亚集团同日表示，已经通过协商一致程序批准印度成为该集团的第43个成员国。印度表示，感谢澳大利亚集团各个成员国对印度加入的支持，印度的加入是互利之举，有利于促进国际安全和不扩散进程。

3. 中国与联合国裁军事务办公室联合举办国际研讨会[12]

2018年6月25～27日，由中国外交部与联合国裁军事务办公室联合举办、天津大学生物安全战略研究中心承办的"构建全球生物安全命运共同体：制定生物科学家行为准则"国际研讨会在天津召开。来自美国、俄罗斯、英国、德国等20余个国家、相关国际组织及研究机构的70多名代表与会。会议就全球生物安全形势、生物科技发展评估、国际防扩散机制等议题进行了交流，并重点对中国提出的《制定生物科学家行为准则范本》倡议进行研讨。倡议得到与会者的广泛支持与好评，各方对修改完善范本提出了很多建设性意见，反映出各方普遍关注生物技术发展带来的潜在风险，加强公约对生物科技发展的审议形成共识。

三、生物安全规约与监管

（一）改革生物安全管理

1. 美国调整食品药品管理局职能定位

2018年6月21日，美国白宫发布广泛计划提案，意图将食品药品管理局（FDA）和卫生与人类服务部（HHS）更名并进行职责调整。提案提出，对FDA的任务进行根本性变革，其中包括将大部分食品安全监管责任转移给农业部，并将食品药品管理局更名为"联邦药品管理局（Federal Drug Administration）"。该广泛计划提案的内容还包括

10　US-India Strategic Dialogue on Biosecurity: Report on the Fifth Dialogue Session.

http://www.centerforhealthsecurity.org/our-work/publications/us-india-strategic-dialogue-on-biosecurity-report-on-the-fifth-dialogue-session

11　India joins Australia Group export control regime.

https://currentaffairs.gktoday.in/india-joins-australia-group-export-control-regime-01201851858.html

12　http://www.xinhuanet.com/2018-06/27/c_1123043188.htm

对卫生与人类服务部的相关改革和调整。其中，HHS将被更名为"卫生与公共福利部（Department of Health and Public Welfare）"，并将吸纳一些目前由美国农业部管理的粮食援助计划。FDA和农业部这两家机构最近一直在争论实验室肉类产品的监管权。FDA专员Scott Gottlieb强调了由FDA监管基因工程动物的重要性，并表示，食品安全是FDA保护和促进国家消费者公共卫生利益使命的核心。FDA拒绝对该项提案发表评论。

2. 美国调整国家战略储备管理部门

2018年4月24日，美国媒体报道，国家战略储备工作将转交卫生与公众服务部负责准备与应对的助理部长（ASPR）办公室。近二十年来，美国国家战略储备几乎完全由疾病控制预防中心管理。据《华盛顿邮报》报道，特朗普政府在2018年10月后，将国家战略储备的监管工作及其从疾病预防控制中心获得的5.75亿美元预算移交给卫生与公众服务部下属的ASPR办公室。目前ASPR负责向开发和生产药品的公司授予合同，疾病控制预防中心负责采购和补充材料。但在2018年10月后，ASPR将一同负责产品采购工作。特朗普总统预算办公室主任Mick Mulvaney表示，在应对公共卫生事件和其他紧急情况期间，该计划将简化决策过程，提高响应能力。疾病预防控制中心国家战略储备部门主任Greg Burel希望这一举措能够提高库存能力。其他支持者表示，利用ASPR加强国家战略储备的采购和维护，这一调整很有意义，可能有助于获得更多资金。《华盛顿邮报》称，一些公共卫生官员和国会两党议员担忧，这些改变会影响联邦政府和负责发放国家战略储备资源的部门之间复杂的互作关系。还有一些人士担心，一旦出现供应需求，该计划可能会阻碍部署，并且产品采购决策可能会因此变得更加政治化。

3. 加强抗生素的研发和管理

2018年9月14日，美国食品药品监督管理局（FDA）宣布了一项多管齐下的抗菌素耐药性（AMR）战略，该战略强调采取新的措施来刺激抗生素和替代疗法的发展，促进动物健康中的抗生素管理，推进抗生素耐药性监测，并加强监管科学。FDA局长Scott Gottlieb在宣布该战略时表示："我们不指望超过耐药性的发展速度，但是我们可以利用管理和科学来减缓它的速度，减少它对人类和动物健康的影响。"Gottlieb指出该机构在监督和管理药物开发、安全和使用方面的作用，表示该战略旨在通过解决人类和动物抗生素开发和使用的"连续统一体"来打击AMR。他还表示，FDA负有法定责任，确保促进和保护人类、动物健康的安全有效的产品，在协调产品开发和健康应用等方面具有独特的优势。该战略由FDA兽医中心、药物评估和研究中心、设备和放射健康中心、生物制品评估和研究中心及国家毒理学研究中心的成员联合制定。

4. 加强政府与企业协调力度

2018年9月12日，IBM公司、Acumen公司、Dovel技术公司和IQVIA政府方案公司各自签订了一项为期五年、价值7500万美元的合同，以支持FDA生物制剂评估与研究中心的"生物制剂有效性和安全性计划（BEST）"。四家公司将在各自工厂开展工作，为其提供数据、工具和基础设施，用于监测疫苗、组织、血液制品和其他生物制剂。例如，他们计划通过分布式数据框架提供服务，FDA可因此对电子健康记录和美国患者的其他数据网络进行"间接访问"。承包商还将建立数据基础设施，帮助FDA生物制剂评估与研究中心开展与生物制剂相关的观察性研究和查询。BEST还计划开发半自主方法，推动医疗图表的审查。

（二）促进全球卫生安全

1. 全球卫生安全议程

全球卫生安全是美国国家安全领域的重要议题。2014年2月该国政府首次提出"全球卫生安全议程"（Global Health Security Agenda，GHSA），意在融合多方合作，加强各国履行《国际卫生安全条例》（IHR）、世界动物卫生组织（OIE）等框架和协议的能力。GHSA是奥巴马政府一系列政策的综合集成，其试图将分散在各部门的全球卫生安全相关事务有机整合起来。GHSA倡议，充分融合及利用各方投资，积极发挥东道主政府的主导功能，实现传染病疫情的预警、防控和有效应答。GHSA先后于2014年5月、8月召开两次国际会议，在预防、监测及应对三个领域拟定了11项"一揽子行动方案"（Action Packages），确定了未来5年的目标。

美国承诺其将与31个国家及加勒比共同体相互协作，努力实现GHSA11个行动方案的既定目标，并根据各国现实情况，将合作及目标实现过程划分为两个阶段。2015年7月，美国投资10亿美元用于第一阶段17个国家在传染病预防、监测及响应方面的能力建设和提升。2017年12月31日，美国疾病控制与预防中心、美国国际开发署（USAID）分别斥资4.538亿美元、2.455亿美元支持GHSA的各项活动。2018年3月12日，美国白宫发布题为《全球卫生安全议程进展及影响》年度报告，重点回顾了全球卫生安全议程重点开展的各项活动及取得成果和带来的影响。GHSA通过课程培训、监控体系构建及疫情应对协助等帮助相关国家提升了其在传染病预防、监测和应对领域的能力水平。

第一，开展能力及业务培训。依照传染病预防和控制（Infection Prevention and Control，IPC）的操作标准和规范要求，GHSA对几内亚、利比亚和塞拉利昂的38 000名医务人员进行了业务培训；在布基纳法索，GHSA对该国从事危险性病原体研究的前十家实验室工作人员进行了生物安全和生物安保方面的业务培训；在利比里亚，GHSA对该国高级实验师就生物安全和生物安保、标准操作程序，以及生物安全和生物安保内部审计工具的应用进行了针对性培训；在印度，1027名实验师（主要来自古吉拉特、泰米尔纳德邦、贾坎德邦和中央邦）接受了有关生物风险管理、生物安全和生物安保原则方面的业务培训；在乌干达，六家哨点医院实现网络链接，对2万多名儿科医生进行了培训，提高了其在血液培养、药物敏感试验等方面的实验室操控能力。2017年1～9月，GHSA成员国640多名学员参加现场流行病学项目培训（FETP）并顺利结业，80名学员参加FETP前期培训项目。期间，FETP前期培训学员对290例疫情进行了详细调查。

第二，设施及系统援建。肯尼亚多部门联合构建了狂犬病、裂谷热和炭疽病人兽共患疾病监测体系；在塞加内尔，第二代地区卫生信息系统（DHIS）已覆盖了76个保健区，能定时将疾病和健康信息上报至国家层面；在越南，针对44种传染病和综合征的电子监测平台正式投入运行，监测范围覆盖全国63省共711个保健区，可实现实时报告和信息共享。针对传染病事件的监测系统也在部分地区铺开，相关方面鼓励社区民众积极参与非正常卫生事件的监测和报告。依托该系统，该国已实现疫情预警100多次。2017年塞拉利昂监测系统对各卫生机构的实时监测覆盖率几近100%，评估显示，各区域提供的数据质量较前期上升14个百分点；几内亚建立了一个名为Épi-Détecte的新电子信息系统，用以检测和确定新发疾病威胁。

第三，疫情准备及应对。索马里麻疹疫情暴发，为防止疫情影响，2017年6～8月GHSA协助埃塞俄比亚实施疫苗接种行动；喀麦隆在全国范围内开展以政府为主导的霍乱疫情响应演习，在脑膜炎疫情暴发后24小时内全面启动应急措施，展示了该国强大的应急管理能力。2017年夏季，孟加拉达卡发生大规模基孔肯亚疫情，该国快速启动应急指挥中心（EOC），应急管理水平大幅度提升。在利比里亚，公共卫生和安全管理部门联合行动，共同处理脑膜炎疫情和饮用水水质检查等公共卫生紧急事务。在坦桑尼亚，交通部门和卫生部门的政府官员根据IHR（2005）的要求，联合拟制公共卫生响应计划，作为全国入境点的紧急情况处理指导。为应对埃博拉疫情，美国向刚果（金）提供了2000套个人防护用品（PPE），为乌干达提供了300套PPE以应对禽流感疫情，向几内亚提供了100套PPE以应对炭疽疫情。

美国国家评估小组数据显示，目前已有16个国家实现了危险性病原体的自主检测，17个国家加强了对现场流行病学专家和监测人员的培训，11个国家提升了实时报告水平和监测覆盖率，为成功定位公共卫生威胁提供支撑；13个国家建立并完善了人兽共患病监测系统；15个国家的医务人员接受了生物安全和生物安保方面的针对性培训，16个国家建立了EOC或强化了EOC的各项职能，可实现对本国卫生事件的实时监测；13个国家加强了各方应急协调能力，实现了公共卫生、动物健康、执法等信息的多方共享；10个国家提高了公共卫生紧急状态下人员部署、药品及补给分发等后勤运筹策划能力。

2.加紧立法支持全球卫生安全

2018年12月14日，美国国会议员Steve Chabot和Gerry Connolly提出立法支持全球卫生安全，旨在重申美国在促进全球卫生安全方面的努力。《全球卫生安全法》将规范美国如何准备和应对公共卫生威胁。之前，美国全球卫生安全人员活动通常依赖于行政命令，并未有法律明确支持。《全球卫生安全法》还将支持美国在GHSA下的承诺，GHSA是一项多边倡议，旨在建设各国管理传染病威胁的能力，并将卫生安全作为全球优先事项。众议院外交事务委员会高级委员兼小型企业委员会主席Chabot表示，部署防止寨卡和埃博拉等疾病进入美国的工具是保护我们国家的重要手段。众议院外交事务委员会高级成员Connolly表示，疾病并不分国界，全球健康危机具有巨大的安全、经济和人道主义后果。我们的立法明确了美国领导在国际卫生安全中的关键作用，将美国全球卫生安全政策纳入法规，并确保有一名常任指定官员负责以战略方式协调这些工作。约翰·霍普金斯大学卫生安全中心主任兼首席执行官Tom Inglesby表示，全球卫生安全法案加强了美国保护、发现和应对重大国际流行病的能力，这将有助于GHSA的施行，为各机构的相关计划提供协调，并明确对这项工作的领导责任。

（三）加强生物威胁应对准备

2018年6月20日，美国疾病控制与预防中心（CDC）对大规模接种疫苗的建议进行审查，为应对炭疽威胁做准备。CDC在过去的16年里，为应对包括埃博拉和寨卡疫情在内的各种传染病威胁，启动了67次应急响应"事件管理系统"。"9·11事件"之后，该机构也开始系统地从紧急部门收集信息，寻找任何生物恐怖袭击的模式。近年来，根据CDC的指导，采用数学模型预测到炭疽孢子扩散可能会导致国家抗生素库存紧张、疫苗短缺。针对这一结果，CDC免疫接种咨询委员会已经就如何在大规模活动期间扩大炭疽疫苗和抗生素的剂量进行了讨论。目前越来越多的疫苗信息已被掌握，但是炭疽威胁仍然是真实存在的，美国对该威胁的准备措施并不完善。哥伦比亚大学国家防灾中心主任Irwin Redlener博士表示，一旦炭疽杆菌在人口密集的公共场所（如地铁站）被释放，它就会迅速蔓延，引起恐慌。

韩国于2018年修订"毒素检查清单"，产业通商资源部更加关注肉毒杆菌毒素被作为生物武器的可能。产业通商资源部每两年进行一次毒素检查，而对肉毒杆菌毒素的检查，将增加到每年一次。韩国各部委表示，要建立一个针对肉毒杆菌毒素等相关生物制剂的"控制塔"。应密切关注肉毒杆菌毒素相关产品的研发，强化对肉毒杆菌的监管，防止肉毒杆菌毒素被用作生物武器。2019年1月31日，韩国国内有关肉毒杆菌毒株来源的争议甚嚣尘上，政府决定加强对肉毒杆菌毒素的管理。肉毒杆菌毒素是一种可造成神经麻痹的危险毒素，但是韩国国内利用此毒素制作除皱药物的企业却在不断增加，有关机构指责韩国政府对肉毒杆菌毒素的监管过于疏松。据韩国科学记者协会称，目前，韩国肉毒杆菌毒素由产业通商资源部、保健福祉部下属疾病管理本部和农林畜产食品部三个部委管理。产业通商资源部主要依照《禁止生物武器条约》，管理生物和毒素武器的开发、生产、储存及生物武器的销毁；疾病管理本部依照《传染病预防法》，管理病原微生物和国家实验室的使用，运营国家生物恐怖主义应对网络；农林畜产食品部依据"家畜传染病预防法"，管理牲畜传染病。韩国政府决定首先要强化肉毒杆菌毒素的申报。研究人员从土壤等物质中分离出肉毒杆菌菌株，应向疾病管理本部和产业通商资源部报告。此外，疾病管理本部决定修改《传染病预防法》，以便引入"持有许可制度"，只有在设施、装备和人力具备的情况下，才能持有肉毒杆菌毒素。目前，只在存放菌株的"保护区"内强制性安装监控器，今后，在研发菌株的"处理区"也必须要安装监控器。

2018年11月13日，美国国家县市卫生官员协会（NACHO）承诺支持由美国卫生与公众服务部（HHS）及疾病控制与预防中心（CDC）领导的抗微生物耐药性（AMR）挑战，并呼吁联邦政策制订者投入适当资源，确保地方资金充足，保护社区免受耐药性威胁。此次挑战是一项全球性跨部门倡议，旨在通过"共同健康"原则解决日益严重的耐药性问题。在应对耐药性的过程中，处于公共卫生前线的地方卫生部门扮演着重要角色。在合理支持下，更多的地方卫生部门可以收集和分析数据，确定疫情、监测趋势和目标预防工作；调查值得报告的疾病和异常耐药性；发展遏制战略以减少疾病传播。此外，地方卫生部门还可提供有效管理，便于相关机构与医疗合作伙伴协调应对耐药性问题。资源不足是地方卫生部门面临的主要问题。增加资助将帮助地方卫生部门建立强大的抗生素管理项目。NACCHO首席执行官Lori Tremmel Freeman表示，NACHO旨在提高当地卫生部门对预防和控制抗微生物药物耐药性相关活动的认识和参与度；提升地方卫生部门在保护社区免受抗微生物相关威胁方面的关键作用；为地方卫生部门提供机会，确定支持耐药性挑战的地方承诺。地方卫生部门利用监控、教育、抗菌管理等方法，有望成为应对耐药性威胁的领导者。

（军事科学院军事医学研究院　刘　术　蒋丽勇　李丽娟）

（山东省科学院情报所　王　燕　魏惠惠　崔姝琳　沈晓旭）

第三章

国外生物安全应对能力建设

面对日益复杂多变的生物威胁，世界各国纷纷加大生物安全应对能力建设，加强高等级生物安全实验室建设，投入巨资资助开展生防产品研发，切实提高了防范生物安全风险的能力。

一、高等级生物安全实验室建设

（一）美国得克萨斯生物医学研究所计划新建一个四级生物安全实验室

2017年6月21日，得克萨斯生物医学研究所宣布建立一个新的四级生物安全实验室（BSL-4）[1]。新的实验室将开展埃博拉、马尔堡和拉沙热病毒研究。

（二）美国疾病控制与预防中心申请新建一幢最高安保级别的实验大楼

据STAT网站2018年2月23日报道，美国疾病控制与预防中心（CDC）向国会申请预算，建设一幢新的最高防护级别的大楼[2]，该大楼将将那些开展对人类最致命的致病菌研究的实验室汇集到一起。现有大楼2005年启动，包含一些BSL4级实验室和设施提高过的BSL3级实验室，由于场地等的限制，将在2023年左右被新大楼取代。CDC于2018年申请3.5亿美元，之后几年所需资金将更多。新的高防护水平的实验室大楼将位于CDC主园区内。

（三）美国波士顿大学生物安全四级实验室投入运行

根据波士顿大学网站消息，2017年12月波士顿大学国家新发传染病实验室正式获批投入使用[3]。该实验室是美国第11个生物安全四级实验室。实验室大楼2008年建成，此前2011年和2013年，一间生物安全2级实验室和一间3级实验室分别在此成

1　Texas Biomed steps closer to new high containment lab in US.

https：//www.cleanroomtechnology.com/news/article_page/Texas_Biomed_steps_closer_to_new_high_containment_lab_in_US/132929，2018-08-22

2　Helen Branswell，CDC requests funds to build new maximum-security laboratory.

https：//www.statnews.com/2018/02/23/cdc-bsl4-laboratory/，2018-02-25

3　http：//www.bu.edu/neidl/about/，2018-06-21

立，且都经过认证许可，研究致病性微生物。美国仅有两家生物安全四级实验室位于大学校内内，而波士顿便是其中之一，它也是唯一位于研究型大学的四级实验室。2018年8月开始，埃博拉病毒和马尔堡病毒的冷冻样本从蒙大拿州落基山实验室运送到波士顿大学实验室，标志着四级实验室的研究项目正式启动研究。开展的首项研究是埃博拉病毒如何破坏肝脏细胞，激活炎症反应，结果将有助于研发埃博拉病的治疗方法。

（四）美国对 Kern 县生物安全三级实验室进行升级

美国Kern县公共卫生部对该地公共卫生大楼内名为"埃博拉室"的生物安全三级实验室进行了高科技升级，其目的是应对在该地区可能暴发的埃博拉等疫情[4]。目前，该部门正在进一步争取获得美国CDC的认证。该认证将允许实验室测试布鲁氏菌病、狂犬病毒，甚至是与生物恐怖主义有关的炭疽、鼠疫等病原体。

二、生防产品研发

（一）国外生物威胁监测诊断设备与产品

1. 美国陆军埃奇伍德化学生物中心开发现场生化威胁传感器

2018年4月12日，美国陆军埃奇伍德化学生物中心（ECBC）与陆军研究实验室、海军研究实验室和空军研究实验室共同利用合成生物学技术研发出一种全新的现场生化威胁传感器[5]。研究项目为期三年，由国防部长办公室资助，每年资助金额高达1500万美元。研究人员从细胞中取出那些被称为核糖体和聚合酶的蛋白质复合物，并添加一段工程DNA，这段工程DNA会指示蛋白质复合物创建"指示剂"分子，当存在化学或生物制剂时，这些"指示剂"分子会变色。他们将这些组合放在一张纸上进行测试。战场士兵只需在纸上放一滴液体样本，等待颜色变化即可。这种液体能使冻干溶液重新水化，发生反应。颜色变化需要10～60分钟，该技术可有效感知生物制剂的存在，但测试沙林或VX等速效神经毒剂的速度还不够快。埃奇伍德化学生物中心团队正在努力改进测试用的纸张，优化"指示剂"分子产生的颜色。他们计划在合同结束时制订一套现场应用原型，此外，海军还将继续研究纸张替代品，以改进测试。

2. 美国国防高级研究计划局开发新型生物监测技术

2018年2月，美国国防高级研究计划局（DARPA）生物技术办公室（BTO）启动了一个"朋友或敌人"的新项目，旨在开发一种能够快速筛选新型细菌的平台技术，迅速确定它们的致病性，甚至识别其未知的致病性状，这是开发有效的生物监测和应对策略的首要步骤[6]。现有的细菌鉴定技术主要分为两类：快速诊断微生物学和宏基因组学。

4　Sam Morgen，Kern Public Health's lab gets high-tech upgrade.

　　https：//www.bakersfield.com/news/kern-public-health-s-lab-gets-high-tech-upgrade/article_a8816796-86f3-11e8-91f2-0b74ba216f71.html，2018-06-21

　　5　https：//www.ecbc.army.mil/newspost/ecbc-joins-forces-with-army-navy-and-air-force-research-laboratories-to-develop-a-paper-based-field-sensor/，2018-04-12

　　6　https：//www.darpa.mil/program/friend-or-foe，2018-03-04

但这两种技术都需要 36 小时或更长时间才能得出结果，应用范围十分有限。为了直接有效地检测致病性，该项目的目标是建立一个可以同时筛选多种未知细菌菌株的便携式平台。项目将测试菌株的三种致病性特征。该项目是一项为期四年的基础研究项目。项目侧重于快速鉴别有害细菌，具有重要的军事价值和医疗价值。

3. 美国陆军传染病医学研究所研发病原体检测工具

据美国陆军传染病医学研究所网站 2018 年 11 月 12 日报道，研究人员研发了一种传染病病原体检测方法[7]。基于目前的研究结果，研究人员表示，该方法可以作为一种快速、高度复用和易于使用的病原体筛查工具，改进传染病诊断和生物监测工作。在出现急性发热性疾病期间，进行快速病原体鉴定是提供适当临床护理和隔离患者的首要步骤。使用聚合酶链式反应（PCR）和酶联免疫吸附试验（ELISA）等敏感、特异的检测方法进行初步筛选，可以快速检测已知的流行传染病。但是，由于人们对地理区域内的流行病原体尚未完全知悉，以及诊断分析的缺乏，最初的测试结果可能为阴性，这就需要进行其他测试，如高度复用分析和宏基因组下一代测序。为了弥补快速护理诊断点和测序之间的差距，研究人员开发了一种高度复用的分析方法，旨在使用纳米串计数器平台检测 164 种不同的病毒、细菌和寄生虫。该方法涉及影响较大的病原体，高度流行的生物体，以及大量不太流行的病原体，以确保广泛覆盖潜在的人类病原体。在研究人员可以获得的 126 种病原体中，该方法可对 113 种病原体检测出阳性，其中包括埃博拉病毒、拉沙热病毒、登革热病毒 1 ～ 4 型、基孔肯雅热病毒、黄热病病毒和恶性疟原虫。

4. List 生物实验室公司设计出新的炭疽感染检测方法

2018 年 12 月 10 日，美国 List 生物实验室公司设计出一种快速、灵敏、特异的炭疽感染检测方法[8]。炭疽感染的早期症状并不明显，与普通疾病相似，但是炭疽杆菌能够进入患者血液并迅速繁殖，产生致命蛋白质，危及患者安全。快速、敏感的炭疽感染检测方法对该病的成功治疗至关重要。List 生物实验室公司研究人员设计出一种方法，可对炭疽感染早期产生的一种蛋白质——炭疽致死因子进行快速检测，以确定患者是否被感染。

5. 美国食品和药物监督管理局授权使用便携式阅读器进行首次埃博拉手指测试

美国食品和药物管理局于 2018 年 11 月 9 日宣布，已发布紧急使用授权（EUA），用于埃博拉病毒（扎伊尔型）的快速一次性检测[9]。这是欧盟在 EUA 下进行的第二次埃博拉快速抗原手指针刺测试，但这是第一次使用便携式电池供电的阅读器，可帮助在实验室和现场提供明确的诊断结果。该测试被称为 DPP 埃博拉抗原系统，测试材料一般为患者的血液标本，包括毛细血管"指尖"全血，测试对象为具有埃博拉病毒病（EVD）体征和症状的个体或生活在一个有大量 EVD 病例的地区和与其他表现出 EVD 体征和症状的人接触的个体。DPP 埃博拉抗原系统提供快速诊断结果，可在医疗人员无法获得授权

7　https：//www.usamriid.army.mil/，2018-11-12

8　https：//www.listlabs.com/，2018-12-10

9　FDA authorizes emergency use of first Ebola fingerstick test with portable reader.

　　https：//www.fda.gov/news-events/press-announcements/fda-authorizes-emergency-use-first-ebola-fingerstick-test-portable-reader，2018-11-09

的埃博拉病毒核酸测试（PCR测试）的地方进行测试，核酸测试更加敏感，但只能在配备齐全的某些实验室环境中进行。DPP埃博拉抗原系统已被授权与毛细管"指尖"全血、乙二胺四乙酸（EDTA，加入全血以防止凝血的抗凝剂）静脉全血和EDTA血浆一起使用。

6.美国情报高级研究计划局资助生物威胁识别研究

据美国国防（National Defense）网站2018年8月1日报道[10]，美国情报高级研究计划局（IARPA）与总部位于波士顿的银杏生物公司（Ginkgo Bioworks）签署了"FELIX"项目合同，资助其研究如何防范潜在生物威胁（包括传染病暴发与生物恐怖袭击），银杏生物公司将与诺斯罗普·格鲁曼公司（Northrop Grumman）合作开发一种新工具，帮助科学家更好地检测识别DNA样本。该计划为期两年，银杏生物公司的研究人员将开发DNA序列设计大型数据库。诺斯罗普·格鲁曼公司将利用深度学习技术创建一个分析工具，可以在使用标准硬件的医院和前沿实验室进行现场样品分析。利用这些数据库及工具，具有潜在威胁的DNA序列在运送之前将进行标记，并且能够识别其中的工程化特征，区分新型病原体是自然进化的还是人工设计的。银杏生物公司还参与了美国情报高级研究计划局的功能基因组和威胁计算评估（Fun GCAT）项目，该项目于2017年8月启动，目前正在开发筛选DNA序列的算法，帮助预测未知序列的功能并根据潜在危险确定其威胁等级。美国情报高级研究计划局的上述两项研究都旨在降低生物技术的潜在威胁。因为随着合成生物学的发展，采用科学工具手段及时有效地辨别新型病原体是自然进化还是人工设计的，已经成为阻止生物威胁的迫切需要。

（二）国外生防疫苗研发进展

1.美国研究人员开发炭疽和鼠疫两用疫苗对抗生物威胁

2018年10月16日，美国微生物学会开放期刊*mBio*上发表了一项研究成果[11]，研究人员设计出一种可同时有效抵抗炭疽和鼠疫的两用疫苗，以对抗两种致病菌所引发的生物威胁。炭疽杆菌和鼠疫耶尔森菌是被用作生物战剂的两种最致命致病菌。美国研究人员设计出一种病毒纳米颗粒疫苗，以对抗该两种致病菌对美国国家安全构成严重威胁的一类生物剂。虽然已有针对炭疽的许可疫苗——Biothrax，但目前仍没有针对鼠疫的经FDA批准的疫苗。科学家利用噬菌体T4，将炭疽芽孢杆菌和鼠疫杆菌的关键抗原整合到同一制剂，以开发炭疽鼠疫两用疫苗。2倍剂量的该种疫苗在动物模型中提供了对吸入性炭疽和肺鼠疫的完全防护。即使动物受到致死剂量的炭疽毒素和鼠疫杆菌CO92菌的威胁，该疫苗也被证明是有效的。研究人员指出，这种炭疽和鼠疫两用疫苗可作为国家战略储备，以对抗炭疽和鼠疫引发的潜在生物恐怖袭击。他们的研究结果表明，T4纳米颗粒是开发高致病性病原体多价疫苗的新平台。

10　Vivienne Machi，IARPA-Funded Initiatives Could Thwart Biothreats.

http：//www.national defense magazine.org/articles/2018/8/1/iarpa-funded-initiatives-could-thwart-biothreats，2018-08-01

11　Tao P，Mahalingam M，Zhu J，et al. A bacteriophage T4 nanoparticle-based dual vaccine against Anthrax and plague．MBio，2018，9（5）．pii: e01926-18.

2. FDA发布炭疽药物开发指南，以防范生物威胁

2018年5月23日，FDA发布最终指南《炭疽：开发预防吸入性炭疽的药物》[12]。开发出的药物将用于那些可能已接触或吸入雾化炭疽芽孢杆菌孢子但尚未显示相关症状和体征的患者。这一指南是FDA多年来针对吸入性炭疽治疗开发，推进政策框架的结果，其中修订了"吸入性炭疽预防"的适应证，以便于为那些已吸入或可能吸入气溶胶化炭疽芽孢杆菌孢子但尚未出现疾病的患者，降低疾病风险。FDA鼓励药物研发者参考此次指南，开展设计研究，开发安全有效的吸入性炭疽预防药物。

3. 加拿大卫生部批准新型炭疽疫苗

加拿大卫生部2018年12月17日批准了Emergent BioSolutions公司开发的炭疽疫苗Biothrax[13]。Biothrax是根据加拿大卫生部的《特殊用途新药条例》批准的，该条例为从逻辑上或伦理上不可能收集临床信息用于人类的产品提供了监管途径。Biothrax是为18～65岁的个人而设计的，他们的职业或活动使他们面临感染该疾病的风险。美国疾病控制和预防中心表示，炭疽杆菌存在于自然土壤中，影响世界各地的家畜和野生动物。虽然罕见，但如果人们接触到受感染的动物或受污染的动物产品，就可能会感染炭疽，引起人类和动物的严重疾病。加拿大卫生部授予Biothrax市场八年独家经营权。今年早些时候，Emergent BioSolutions提交了必要的材料，以扩大炭疽疫苗Biothrax在英国、波兰、法国、意大利和荷兰5个欧洲国家的许可范围，Biothrax于2013年在德国获得市场授权。Biothrax是FDA批准的预防炭疽的唯一疫苗。据FDA称，美国政府将这种疫苗储存在国家战略储备中，以便在炭疽生物恐怖袭击发生时，作为接触后预防方案的一部分。Emergent BioSolutions表示已经向300多万人注射了1400多万剂生物Biothrax炭疽疫苗。

4. 美军寨卡疫苗研发取得重大进展

2017年12月4日，美国国立卫生研究院（NIH）宣布，其与华尔特里德陆军研究所（WRAIR）共同资助、并由后者研发的寨卡疫苗Ⅰ期临床试验获得成功[14]。该疫苗名为ZPIV，为寨卡病毒灭活疫苗，使用铝佐剂，接种方法为肌肉注射。临床试验共有67名成人受试者，在4周内进行两次相同剂量疫苗的接种，其中55人接种寨卡疫苗，12人接受安慰剂。接种后，研究人员定期检测受试者的血液样本，结果发现接种疫苗后第4周，90%受试者的血液里检测到了寨卡病毒抗体。研究人员随后使用受试者体内提取的寨卡病毒抗体进行了小鼠试验，发现其可以有效预防小鼠寨卡病毒感染。

12　Michael Mezher, FDA Finalizes Guidance on Developing Anthrax Treatments.

https：//www.raps.org/news-and-articles/news-articles/2018/5/fda-finalizes-guidance-on-developing-anthrax-treat，2018-05-23

13　Emergent BioSolutions，Emergent BioSolutions Receives Health Canada Approval of BioThrax® （Anthrax Vaccine Adsorbed）.

https：//www.globenewswire.com/news-release/ 2018/12/17/1668306/0/en/Emergent-BioSolutions-Receives-Health-Canada-Approval-of-BioThrax-Anthrax-Vaccine-Adsorbed.html，2018-12-17

14　Trials Show Inactivated Zika Virus Vaccine Is Safe and Immunogenic.

https：//www.niaid.nih.gov /news-events/trials-show-inactivated-zika-virus-vaccine-safe-and-immunogenic，2017-12-04

5. 默克公司的实验性埃博拉疫苗或被用于抗击刚果新疫情

据STAT新闻2018年5月14日报道[15]，世界卫生组织可能会选择使用默克公司的埃博拉疫苗来抗击新一轮的埃博拉疫情，最近的一项研究证明，此疫苗有效预防期可长达2年。世界卫生总干事Tedros博士表示，刚果政府正式要求使用实验性候选疫苗。据STAT新闻报道，默克公司已经批准了在这次疫情中使用的疫苗。据估计，5月13日疫苗被存放到设备中以保持在零度以下。Tedros博士表示，疫苗将被运送到刚果，随后将进行疫苗接种。

6. 寨卡减毒活疫苗首次进行人体试验

2018年8月16日，美国国立过敏与传染病研究所（NIAID）宣布，寨卡减毒活疫苗首次进行人体试验[16]。该疫苗是NIAID病毒性疾病实验室开发的rZIKV/D4Δ30-713，注射后可使机体产生免疫反应。第一阶段的临床试验将分析参与者的这种反应，并评估实验疫苗的安全性。NIAID将招收28名18～50岁健康、未妊娠的成年人参与此次疫苗接种测试试验，参与者将收到一张日记卡，记录他们在家中特定时间的体温。在接下来的6个月里，他们将定期返回诊所进行体检，并提供血液和其他样本。研究人员将对血液样本进行检测，以观察参与者是否对实验疫苗产生了抗体。预计这项试验将需要长达一年的时间才能完成。

7. 美国启动通用流感疫苗第二阶段临床试验

2018年5月7日，美国国立卫生研究院宣布启动Ⅱ期临床试验，检查BiondVax公司研制的通用流感疫苗M-001的安全性和有效性[17]。据美国国立卫生研究院发布报告表示，此前，在涉及近700名以色列和欧洲参与者的6项临床试验中，M-001显示出了对广泛流感毒株的抗性。由美国国立过敏与传染病研究所（NIAID）资助，贝勒医学院医学博士Robert L. Atmar领导的新试验，将选择美国四个地区的120名成人，对此疫苗进一步评估。美国国立卫生研究院表示，这种疫苗或可有效防治当前和新兴流感毒株。

8. 美国含肽疫苗能有效应对流感病毒

2018年7月30日发表在美国国家科学院院刊上的一项研究显示，仅含肽的双层纳米粒子可诱导小鼠对甲型流感病毒产生长效保护性免疫反应[18]。研究人员称，这种双层纳米颗粒疫苗是利用多肽开发出来的。适应性免疫系统包括B淋巴细胞介导的抗体反应和T淋巴细胞介导的细胞反应。纳米粒子能够模拟病毒的生物信号，并发出危险信号，激活免疫反应。该研究作者佐治亚州生物医学科学研究所副教授BaoZhong Wang博士称，新型纳米粒子触发了两种免疫反应，通过使用一种新的无注射器、无痛、耐热、可自我

15　Helen Branswell, Experimental vaccine to be used against Ebola outbreak in the DRC.

https：//www.statnews.com/2018/05/13/ebola-vaccination-program-could-begin-this-week-in-the-drc/，2018-05-13

16　NIH Begins Clinical Trial of Live, Attenuated Zika Vaccine.

https：//www.niaid.nih.gov/news-events/nih-begins-clinical-trial-live-attenuated-zika-vaccine，2018-08-16

17　Ness Ziona, BiondVax Begins NIH-Sponsored Phase 2 Clinical Trial of its Universal Flu Vaccine in the United States.

http：//www.biondvax.com/2018/04/biondvax-begins-nih-sponsored-phase-2-clinical-trial-of-its-universal-flu-vaccine-in-the-united-states/，2018-04-11

18　Nanoparticle vaccine made with peptides effective against influenza virus, study finds.

https：//medicalxpress.com/news/2018-07-nanoparticle-vaccine-peptides-effective-influenza.html，2018-07-30

应用的微针贴片，增强了免疫保护作用，这些发现将为开发廉价通用流感疫苗开辟新的前景。

9. 美国国立过敏与传染病研究所创建1918 H1流感病毒的三维模型

2018年7月11日，由美国国立过敏与传染病研究所（NIAID）科学家研发的1918 H1流感病毒的三维模型在科学报告网站上发布[19]，该项研究可能有益于病毒样颗粒疫苗项目（针对从艾滋病到埃博拉病毒和SARS冠状病毒的一系列病毒研究）的开展。病毒样颗粒（VLP）是基于蛋白质的结构，模仿病毒并与抗体结合。由于VLP不具有传染性，它们作为许多病毒性疾病（包括流感）的疫苗平台显示出相当大的前景。研究人员为1918 H1流感生产了VLP，成功地保护动物免受不同流感病毒的侵袭。NIAID小组准备了数百个这样的VLP样品，并用冷冻电子显微镜技术分析了它们的结构，用计算机记录关键分子的大小和位置，随后创建了一个三维1918 H1流感VLP模型。NIAID传染病实验室的研究小组正在继续其工作，将其VLP数据与其他天然流感病毒的数据进行比较。他们相信，对流感VLP分子结构的了解越多，科学家就越能开发出有效的季节性流感疫苗和通用流感疫苗。

10. 澳大利亚研究人员发现对疟疾疫苗开发具有指导意义的基因指纹

2018年3月22日，来自澳大利亚墨尔本大学和Bio21研究所的研究人员在*PLOS Biology*上发表研究成果[20]，表示已经确定了与致命疟原虫相关的蛋白质基因指纹，他们认为这可能预示着疟疾疫苗开发的变革。该研究中，科学家关注的主要是儿童，因为疟疾最常见于5岁以下的儿童。根据文章作者Michael Duffy博士的说法，他们在研究中将能够引起最严重疟疾的疟原虫与导致轻微病症或无病症的疟原虫进行了比较，发现免疫系统可以自行消灭引发轻微病症的疟原虫。Duffy团队的研究对象主要是来自疟疾流行地——印度尼西亚巴布亚的患者。研究人员从44名成年人身上取得样本，其中23人患有严重疟疾。然后比较了4662个疟原虫的var基因，这些基因编码可用于识别蛋白质。Michael Duffy博士表示，这是第一次将患者血液中表达的疟原虫基因进行测序，之后研究人员对这些序列进行组装，并比较了严重和轻微病例之间的区别。虽然并非所有病例都曾预先进行过调查，但研究人员确实发现了巴布亚疟原虫的一些蛋白质与印度和非洲蛋白质之间的联系。

11. 美国国立卫生研究院开发更安全登革热疫苗

2018年2月26日新闻报道，美国国立卫生研究院（NIH）、日本武田制药公司和巴西Butantan研究所正在联合开发新的更安全的登革热疫苗，以替代赛诺菲的Dengvaxia疫苗。2016年，菲律宾开始大规模接种由法国制药公司赛诺菲生产的Dengvaxia登革热疫苗。截至2017年11月，已经有超过73万名儿童接种了该疫苗。但随后曝出，此前未感染登革热的人在接种该疫苗后可能出现更严重的病情。2017年12月1日，菲律宾卫生

19　McCraw DM，Gallagher JR，Torian U，et al. Structural analysis of influenza vaccine virus-like particles reveals a multicomponent organization. Sci Rep，8（1）：10342.

https：//www.nih.gov/news-events/news-releases/niaid-scientists-create-3d-structure-1918-influenza-virus-particles，2018-07-11

20　Malaria's most wanted：Identifying the deadliest strains to design a childhood vaccine.

https：//phys.org/news/2018-03-malaria-deadliest-strains-childhood-vaccine.html，2018-03-20

部紧急叫停登革热疫苗接种计划。2018年2月3日，菲律宾卫生部确认，此前3名儿童接种登革热疫苗后死亡，是登革热疫苗存在问题所致。研究发现，出现发热、畏寒等病症或免疫力低下的儿童，以及此前未感染过登革热的人群不宜使用Dengvaxia疫苗。并且，赛诺菲公司应该在开展接种之前对接受接种的儿童进行血液检查，以确定他们体内是否存在尚无症状或未被发现的登革热病毒。美国国立卫生研究院、日本武田制药公司和巴西Butantan研究所将吸取Dengvaxia疫苗事件教训，开发更安全的下一代疫苗，目前研究已经进入后期试验阶段。这些新型疫苗与Dengvaxia疫苗具有明显不同。在一项小型研究中，志愿者得到了百分之百的保护。

12. WHO推迟使用首个登革热疫苗Dengvaxia

2018年4月25日，WHO免疫战略咨询专家组（SAGE）宣布，将推迟使用全球首个登革热疫苗Dengvaxia，因为注射该疫苗只对先前感染过该病毒的人群有效。这一举措将缩小疫苗生产商赛诺菲巴斯德的潜在市场[21]。最新研究表明，给以前从未感染过的人接种登革热疫苗Dengvaxia，并不能为他们提供全面保护，而一旦随后感染上这种病毒，他们会产生严重的反应。2017年11月，赛诺菲巴斯德公司也曾发出过类似的警告。一些观察员担心，这可能意味着疫苗投放的中止。在没有快速、可靠的登革热先兆感染检测方法的情况下，SAGE的新意见意味着疫苗不能被广泛使用，或导致公司停止制造疫苗。据悉，菲律宾2017年12月停止了该种登革热疫苗的接种活动，并要求赛诺菲公司偿还该国用于接种830万名儿童的7000万美元费用，包括严重患病儿童的医疗费用。

13. 马来西亚利用植物研究出登革热疫苗

2018年6月，马来西亚诺丁汉大学利用植物研究出一种能够中和登革热病毒的疫苗抗原[22]。利用植物产生疫苗抗原是一个新兴的平台，这为预防登革热提供了一种安全、经济的方法。这一技术也被用于研究禽流感疫苗，现已取得初步成功。研究小组负责人Sandy Loh教授表示，该方法具有高表达、低生产成本和易于分发等优点。因为没有使用动物或人类病原体，不用考虑生物安全方面的因素，疫苗更加安全。该研究的独特之处在于使用了一种称为"agroinfiltration"的瞬时表达程序。研究人员将一种有缺陷的植物病毒与农杆菌结合，产生的表达载体可将登革热疫苗抗原递送到烟草植株叶片中。在对植物进行培育后，提取和提纯植物中的疫苗抗原，制作疫苗。Sandy Loh教授表示，该疫苗在动物模型中产生的抗体可以中和登革热病毒，下一步将研究该疫苗的保护效果。

14. 登革热疫苗Dengvaxia获美国FDA优先审查资格

法国赛诺菲公司2018年10月31日宣布，FDA已受理登革热疫苗Dengvaxia的生物制品许可申请（BLA），并授予了优先审查资格[23]。该疫苗用于预防登革热，具体用于

21　WHO advisers halt Dengvaxia，for now.

http：//www.cidrap.umn.edu/news-perspective/2018/04/who-advisers-halt-dengvaxia-now，2018-04-19

22　Sandy Loh. Plants are new weapon in fight against Dengue.

https：//www.nottingham.edu.my/NewsEvents/News/2018/Plants-are-new-weapon-in-fight-against-Dengue.aspx，2018-05-29

23　FDA Grants Priority Review for Sanofi's Dengue Vaccine.　Candidate.

https：//www.drugs.com/nda/dengvaxia_181030.html，2018-10-30

9～45岁人群，预防由所有4种血清型登革热病毒所引起的登革热疾病。FDA将在2019年5月1日之前作出最终审查决定。如果获批，Dengvaxia将成为美国市场针对登革热的首个也是唯一一个预防疫苗。Dengvaxia于2015年12月首次获批，成为全球首个登革热疫苗产品。截至目前，该疫苗已获全球20个国家批准。在欧洲，欧盟委员会预计将在今年12月份批准Dengvaxia的上市许可申请。

15. 赛诺菲登革热疫苗获欧盟委员会批准

2018年12月19日，欧盟委员会批准了赛诺菲公司的登革热疫苗—Dengvaxia®的上市许可[24]。上市授权遵循2018年10月18日欧洲药品管理局人用药品委员会（CHMP）的建议，批准在欧洲流行地区使用登革热疫苗。Dengvaxia®将在欧洲使用，以防止9～45岁的有记录的登革热感染者和生活在登革热流行区的居民感染登革热。赛诺菲巴斯德全球医疗负责人Su-Peing Ng博士表示，在登革热经常复发的一些欧洲海外地区，以前感染过登革热的人有可能再次感染该病毒，由于登革热的第二次感染通常比第一次感染更严重，因此能够为这些人提供可以帮助保护他们免受再次登革热感染的疫苗非常重要。登革热疫苗已在涉及来自15个国家的40 000多人进行的研究中进行了评估，对大规模临床安全性和疗效研究进行了长达6年的随访。

16. Themis公司计划于2018年年底开展首次拉沙热疫苗人体试验

奥地利生物技术公司Themis计划于2018年年底进行拉沙热疫苗人体测试，这将是首次针对该疾病的疫苗人体测试[25]。拉沙热是一种在西非流行的传染病，通常经鼠类传播，人感染后会出现发热甚至口鼻出血等症状。目前尼日利亚部分地区正在暴发近年来最严重的疫情。最新官方数据显示，已出现超过1000例感染病例，导致至少90人死亡。Themis公司开发了一种可用于不同疾病的疫苗技术，在2018年年初获得流行病防范创新联盟（CEPI）3750万美元资助，开发拉沙热和中东呼吸综合征疫苗。首先在健康志愿者身上测试疫苗的安全性和有效性，然后申请在暴发人群中使用和测试疫苗。

17. 拉沙热、狂犬病疫苗的临床前测试显示出良好前景

2018年10月15日《自然通讯》报道，来自托马斯杰斐逊大学、葡萄牙明荷大学、加州大学圣地亚哥分校和美国国立过敏和传染病研究所的科学家们已经开发出一种新疫苗[26]，有可能保护人们免受拉沙热和狂犬病的侵袭，这种药物在临床前测试中被证明是成功的。此疫苗名为LASSARAB，它利用了一种被削弱的狂犬病载体，该载体被注射了拉沙病毒的遗传物质。当这些表面蛋白聚集在一起时，就会被表达出来，这意味着针对这两者的免疫反应会同时被激发出来——此疫苗在小鼠和豚鼠身上都被证明是成功的。研究人员接下来将对非人灵长类动物进行试验。目前，虽有狂犬病疫苗和治疗方法，但

24　https://www.precisionvaccinations.com/sanofi-dengvaxia-dengue-vaccine-seeks-marketing-approval-europe，2018-12-19

25　Angus Liu，World's first Lassa vaccine，developed by Themis，nears human testing：CEO.
　https://www.fiercepharma.com/vaccines/first-lassa-fever-vaccine-developed-by-themis-could-be-tested-humans-year，2018-03-28

26　Abreu-Mota T，Hagen KR，Cooper K，et al. Non-neutralizing antibodies elicited by recombinant Lassa–Rabies vaccine are critical for protection against Lassa fever.
　https://www.nature.com/articles/s41467-018-06741-w，2018-10-11

还没有针对拉沙热的疫苗，且这两种疾病对非洲来说仍然是一个严重的问题。

18. 新一代伤寒结合疫苗在非洲首次开始临床试验

新一代伤寒结合疫苗（TCV）于2018年2月正式开始临床试验，一名非洲儿童首次接种了该疫苗。新一代伤寒结合疫苗临床试验由利物浦大学Melita Gordon教授与利物浦-威尔康信托基金会（MLW）临床研究项目共同开展，预计将在非洲国家马拉维，对24 000名9～12岁的儿童进行接种[27]。马里兰大学医学院全球卫生、疫苗学和传染病学副院长Myron Levine表示，新一代伤寒结合疫苗已被证明可以将免疫效果从55%提升至90%，世界卫生组织已经对Typbar-TCV伤寒疫苗进行了资格预审，全球疫苗和免疫联盟（GAVI）计划于2019～2020年投入8500万美元在非洲国家推广使用。Melita Gordon教授表示，此次的临床试验是20多年来对马拉维沙门氏菌病研究成果的结晶。相关卫生部门及人员都期待看到积极的成果，为解决非洲伤寒病感染问题带来新的希望。伤寒疫苗加速联盟（TyVAC）首席研究员Kathleen Neuzil博士也表示，新一代伤寒结合疫苗在非洲的首次接种，是人类抗击伤寒斗争的关键一步。

19. 两家公司启动VLA1601寨卡候选疫苗一期临床研究

2018年2月，Emergent BioSolutions公司和Valneva公司宣布启动VLA1601寨卡候选疫苗一期临床试验，以评估疫苗安全性和免疫原性[28]。目前，该疫苗已显示出良好临床前特征。一期临床试验将在约65名健康成年人中进行，使用两种不同的疫苗接种方案研究VLA1601候选疫苗的两个剂量。预计2018年年底或2019年年初将提供一期试验数据。当一期数据可用时，Emergent BioSolutions公司可根据与Valneva公司的全球独家许可协议，获500万欧元资金，继续开发疫苗和推动疫苗商业化。该协议为Valneva公司提供了高达4400万欧元的潜在资金，用于产品开发、获批、商业化、销售，以及在三期临床试验前与Emergent BioSolutions公司协商欧洲独家商业化权利等事宜。

20. 美国PaxVax公司基孔肯雅热疫苗获FDA"快速通道"审评

2018年5月4日，美国疫苗公司PaxVax宣布，其基孔肯雅热疫苗可通过FDA的"快速通道（Fast Track）"方式进行审评[29]。FDA这一审评方式旨在针对那些严重疾病或危及生命的疾病，加速药物和疫苗的研发与审评，解决目前无法满足的医疗需求，提升相关产品的可用性。该基孔肯雅热疫苗获得美国国立过敏与传染病研究所许可。国立卫生研究院利用400名受试者开展了Ⅱa期研究，基于这一研究，PaxVax公司近期宣布，首名患者已在基孔肯雅热病毒样颗粒疫苗的Ⅱb期剂量探索试验中登记，2b期研究目前正在招募400名受试者，以评估多种给药方案。PaxVax公司预计2019年初将获得结果。

27　First African child vaccinated with new typhoid conjugate vaccine.

https：//www.news-medical.net/news/20180222/First-African-child-vaccinated-with-new-typhoid-conjugate-vaccine.aspx，2018-02-22

28　Emergent Biosolutions，Emergent BioSolutions and Valneva Initiate Phase 1 Clinical Study to Evaluate Vaccine Candidate Against Zika Virus.

https：//www.globenewswire.com/news-release/2018/02/26/1387679/0/en/Emergent-BioSolutions-and-Valneva-Initiate-Phase-1-Clinical-Study-to-Evaluate-Vaccine-Candidate-Against-Zika-Virus.html，2018-02-26

29　Eric Sagonowsky，FDA places PaxVax's phase 2 chikungunya shot on its fast track.

https：//www.fiercepharma.com/vaccines/fda-places-paxvax-s-phase-2-chikungunya-shot-its-fast-track，2018-05-08

21. 美国华尔特里德陆军研究所启动马尔堡病毒疫苗第一阶段临床试验

美国华尔特里德陆军研究所（WRAIR）于2018年10月启动马尔堡病毒候选疫苗的第一阶段临床试验，以评估该疫苗在健康成年志愿者中的安全性和免疫原性[30]。WRAIR研究评估了由美国国立卫生研究院（NIH）国家过敏与传染病研究所（NIAID）疫苗研究中心（VRC）开发的VRC-MARADC087-00-VP疫苗。该疫苗为重组黑猩猩腺病毒3型载体马尔堡病毒候选疫苗，旨在诱导快速且持久的免疫力。这种疫苗接种策略被认为是保护一线卫生工作者和一般人群的最佳选择。马尔堡病毒与埃博拉病毒属于同一家族，并能够在人类中引起严重的出血热。马尔堡暴发的病例死亡率从24%至88%不等。最近的暴发发生在2017年的乌干达。WRAIR于2009年在非洲进行了第一次埃博拉疫苗临床试验，测试了由NIAID的VRC开发的早期候选疫苗。在2014年西非埃博拉疫情暴发期间，WRAIR在仅11周的时间内启动了VSV-EBOV候选疫苗的一期临床试验。迄今为止，WRAIR已进行了6项埃博拉疫苗研究。

22. 南加州大学研究人员开发出无需冷藏的脊髓灰质炎疫苗

2018年11月28日南加州大学（USC）的研究人员宣布研发出一种脊髓灰质炎疫苗，其在没有冷藏的情况下依然能够保持有效性。新疫苗是一种可注射的物质[31]。根据发表在 *mBio* 上的论文，研究人员将疫苗在室温下保存了4周，然后将其粉末再次溶于水中，结果发现它仍能为接种的小鼠提供全面保护。无论药物或疫苗多么有效，如果它不够稳定，不能运输，那其功效将会大打折扣。类似的稳定化研究已应用于麻疹、伤寒和脑膜炎球菌疾病的疫苗。该项研究标志着热稳定性脊髓灰质炎疫苗首次被证实是可能的。作者希望下一步将开展人类研究，尽快将该疫苗推向市场。

（三）国外生防药品研发进展

1. 美国研发出广谱抗病毒药物

美国北卡罗来纳大学教堂山分校的研究人员2018年3月6日在 *mBio* 杂志上报道了一种有前景的广谱抗病毒药物——GS-5734[32]。该药能够抑制SARS和MERS冠状病毒及埃博拉病毒感染。还有证据表明，该药物能抑制鼠肝炎病毒（MHV），该病毒与几种人类冠状病毒有密切关系，可能会引发与SARS一样的严重呼吸道感染。研究人员在由呼吸道上皮细胞组成的人肺微模型上对该药物进行了测试。GS-5734可用于治疗由冠状病毒引起的各种感染，以及那些可能从动物宿主转移到人类的病毒感染。

2. 日本一项最新研究弄清埃博拉病毒基本构造

据英国《自然》杂志网络版2018年10月19日报道[33]，日本一项最新研究弄清了埃博拉病毒的基本构造，有望用于研发埃博拉出血热的治疗药物。埃博拉出血热致死率很

30　https：//health.mil/News/Articles/2018/10/19/WRAIR-begins-Phase-1-clinical-trial-of-Marburg-vaccine，2018-10-19

31　Shin WJ，Hara D，Gbormittah F．Development of thermostable lyophilized sabin inactivated poliovirus vaccine．mBio，2018，9（6）：2287-2218．

32　Agostini ML，Andres EL，Sims AC，et al．Coronavirus susceptibility to the antiviral remdesivir（GS-5734）is mediated by the viral polymerase and the proofreading exoribonuclease．mBio，2018，9（2）：221-239．

33　http：//world.people.com.cn/n1/2018/1019/c1002-30351770.html，2018-10-19

高，目前尚无有效的治疗方法。埃博拉病毒是细长型病毒，RNA（核糖核酸）缠绕在大量的核蛋白周围形成螺旋状构造，在感染细胞后，可以抵抗细胞内的分解酶。日本冲绳科学技术大学院大学、京都大学和东京大学的研究人员利用冷冻电子显微镜，成功分析出埃博拉病毒"核蛋白-RNA复合体"的立体构造，以及构成病毒的蛋白质与蛋白质之间、蛋白质与染色体组之间的结合方式等情况，这将明显有利于埃博拉防治药物的开发。

3. 美国研究人员研发出有望抵抗多种埃博拉病毒的治疗分子

2018年7月，美国范德堡大学医学中心和得克萨斯大学医学分校领导的一个研究团队，分析了17名埃博拉康复患者的血浆，从其中两名患者的血浆中分离出bNAbs抗体[34]。该抗体功能强大，能够与多种糖蛋白（GP）形式的基本毒蛋白结合，阻止埃博拉病毒进入宿主细胞。此项研究获得美国国立卫生研究院国立过敏与传染病研究所的支持。GP基本毒蛋白来自刚果（金）、乌干达本迪布焦区和苏丹地区扩散的埃博拉病毒，埃博拉病毒利用GP附着在细胞膜上并引发感染。研究人员描述了不同形式的病毒GP和新分离的bNAbs之间的相互作用。结果发现，bNAbs抗体可以抑制各种形式GP的运动，从而阻止病毒进入宿主细胞来防止感染。研究人员得出结论，这些能够广泛中和病毒的bNAbs抗体有望进一步发展为对抗多种埃博拉病毒的治疗分子。

4. 美军生产埃博拉单克隆抗体

美国Ology生物公司2018年8月17日宣布，其与美国国防高级研究计划局（DARPA）、国防部化生放核防御联合项目执行办公室等军方机构签署协议，帮助生产供应埃博拉单克隆抗体，协议涉及金额为840万美元[35]。即将投入生产的埃博拉单克隆抗体名为mAb114，由美国国立过敏与传染病研究所下属的疫苗研究中心研发。根据合同，Ology公司应将埃博拉单克隆抗体相关生产技术转让给国防部三防药物研发生产基地（DoD MCM ADM Facility）。国防部三防药物研发生产基地位于佛罗里达阿拉楚瓦，设有一所生物安全三级实验室，预计可于2018年12月交付首批埃博拉单克隆抗体，2019年初交付另外两批。

5. Emergent BioSolutions公司将继续向美国供应天花疫苗并发症治疗药物

美国疾病预防控制中心2018年2月28日授予了Emergent BioSolutions公司一份为期一年的合同，计划投入2600万美元，用于向美国国家战略储备（SNS）持续供应牛痘免疫球蛋白静脉注射剂（VIGIV）[36]。Emergent BioSolutions公司在其超免疫平台上开发了

34　Broadly acting antibodies found in plasma of Ebola survivors.

https：//www.nih.gov/news-events/news-releases/broadly-acting-antibodies-found-plasma-ebola-survivors，2018-07-17

35　Ology Bioservices Wins $8．4 Million Defense Department Award to Produce Anti-Ebola Medical Countermeasure.

https：//www.ologybio.com/ology-bioservices-wins-8-4-million-defense-department-award-to-produce-anti-ebola-medical-countermeasure/，2018-08-17

36　Emergent BioSolutions Awarded One-Year CDC Contract Valued at $26 Million for Vaccinia Immune Globulin Program.

https：//www.globenewswire.com/news-release/2018/02/28/1401119/0/en/Emergent-BioSolutions-Awarded-One-Year-CDC-Contract-Valued-at-26-Million-for-Vaccinia-Immune-Globulin-Program.html，2018-02-28

VIGIV，这是唯一获FDA批准用于治疗天花疫苗并发症的治疗药物，自2002年以来一直向美国国家战略储备供应。天花疫苗并发症包括进行性牛痘病、接种后中枢神经系统疾病和牛痘性湿疹等。VIGIV产品及公司所开发的ACAM2000天花疫苗，是政府解决天花威胁医疗对策战略的重要组成部分。VIGIV于2005年正式获得FDA许可，2007年获得加拿大卫生部许可。根据合同，Emergent BioSolutions公司将进行生产经营，收集未来生产所需的等离子，并参与其他活动，以持续保有FDA对VIGIV的许可。

6. 美国SIGA科技公司天花治疗药物将获FDA批准

2018年2月，FDA对SIGA科技公司新型天花治疗药物——tecovirimat的新药申请进行了验收和优先审查，并获得了FDA咨询委员会的一致支持，该疗法将于2018年8月8日正式获批[37]。Tecovirimat是SIGA科技公司针对天花治疗的新型口服小分子抗病毒药物，该口服制剂对人类安全且对动物有效。最近发表在《新英格兰医学杂志》上的一项新研究成果表明，每天两次服用600mg的tecovirimat对人类来说是安全的。在患有猴痘的非人类灵长类动物模型中，连续14天给药10mg/kg，其存活率可达90%以上。该项安全性试验共有452名人类志愿者参与。虽然1980年全世界宣布消灭了天花，但天花病毒仍然存在。调查人员指出，在生物恐怖袭击的情况下，tecovirimat可以在天花疫苗发挥功效之前对机体起到保护作用。美国生物医学高级研发局（BARDA）与SIGA科技公司合作，资助了口服tecovirimat的高级开发。此外，在生物盾牌计划下，SIGA科技公司已经向美国国家战略储备提供了200万疗程的口服tecovirimat药物。

7. 美国国防威胁降减局资助开发一种应用于生物防御的新型抗生素

2018年1月，VenatoRx制药公司宣布获得美国国防威胁降减局（DTRA）1600万美元的资助，用于探索和开发一种应用于生物防御的新型抗生素[38]。细菌通过表达β-内酰胺酶有效地抵抗青霉素等β-内酰胺类抗生素。目前，已经鉴定出超过2000种β-内酰胺酶。因此，非β-内酰胺类抗生素将成为一线治疗药物，应对由伯克霍尔德氏菌、鼠疫耶尔森菌和土拉弗朗西斯菌等潜在耐药性细菌生物武器引起的感染。VenatoRx制药公司拥有非β-内酰胺青霉素结合蛋白抑制剂（PBPis）平台专利。

8. 美国陆军开发植入式持续释放疟疾治疗对策

2018年5月13日，美国华尔特里德陆军研究所（WRAIR）的实验治疗学（ET）分部目前正在开发可持续释放的抗疟疾预防性药物植入式基质[39]。WRAIR使用专利技术

37　U.S. Food and Drug Administration Approves SIGA Technologies' TPOXX®（tecovirimat）for the Treatment of Smallpox.

https：//investor.siga.com/news-releases/news-release-details/us-food-and-drug-administration-approves-siga-technologies，2018-07-13

38　VenatoRx Pharmaceuticals Receives Award for up to $16 Million from DTRA to Develop a Novel, First-in-Class Antibiotic as Countermeasure against Potential Drug-Resistant Biodefense Category A/B Respiratory Pathogens.

https：//www.businesswire.com/news/home/20180104005048/en/VenatoRx-Pharmaceuticals-Receives-Award-16-Million-DTRA，2018-01-04

39　Army Developing Implantable Sustained-Release Malaria Countermeasure.

https：//globalbiodefense.com/2018/05/13/wrair-malaria-implantable-sustained-release-medical-countermeasure/，2018-05-13

ProNeura生产定制的皮下植入物，并使用特殊药物与乙烯-乙酸乙烯酯（EVA）共聚物进行特定组合。美普龙/氯胍（Malarone®）和多四环素的组合是FDA唯一批准的疟疾预防药物。由于药物半衰期相对较短，预防疟疾的成功性极度依赖于每日口服用药方案。FDA批准的长期给药平台ProNeura是EVA的基础，可随时修改药物服用时间表。通过将长期释放的抗疟药物混入EVA药物基质，再将药物棒植入人员体内，人员便可不必遵守每日口服用药方案，同时还可免于疟疾感染。

9. 美国生物医学高级研发局和Mapp公司合作研究埃博拉病毒抗体

2018年9月28日，Mapp生物公司宣布同美国生物医学高级研发局（BARDA）签订合同，通过Ⅰ期临床试验推动研究埃博拉病毒单克隆抗体MBP134[40]。MBP134是两种人类单克隆抗体的组合，初步显示可治疗埃博拉。这些单克隆抗体由Adimab公司、Mapp公司、国立过敏与传染病研究所，以及四个机构（爱因斯坦医学院、加拿大公共卫生署、得克萨斯大学医学部和美国陆军传染病医学研究所）的转化研究卓越中心共同合作，从2013～2016年埃博拉病毒感染幸存者中分离鉴定得到。这些抗体在埃博拉病毒感染的非人灵长类动物模型中，仅使用单剂量便显示出前所未有的治疗功效。相关人员表示，此次合作有助于推动分子临床评估，为未来疫情暴发做好准备；有助于为感染者和国家战略储备提供急需的治疗方法；表明了单克隆抗体在解决最具挑战性的公共卫生传染病威胁方面的巨大潜力。

10. 首个疟疾根治新药获美国FDA批准

2018年7月20日，葛兰素史克公司的他非诺喹药物（Krintafel）由FDA批准上市[41]，是2000年以来批准的第一种预防疟疾的新药，使得美军与60P公司联合研制的他非诺喹降为新剂型类新药。两药均在2013年获得孤儿药资格和突破性疗法认定，进展基本平行。

2018年7月，英国制药巨头葛兰素史克（GSK）与非营利组织"抗疟药品事业会"（MMV）联合宣布，美国FDA已批准单剂量Krintafel（tafenoquine）药物用于正在接受适当抗疟药物治疗急性间日疟原虫（P.vivax）感染的16岁及以上疟疾患者，根治（预防复发）由间日疟原虫导致的疟疾。Krintafel是一种8-氨基喹啉衍生物。FDA通过优先审查程序对Krintafel进行了审批，还授予了突破性药物资格。此次批准，使Krintafel成为过去60多年来治疗间日疟原虫疟疾的首个新药，该药能够有效预防间日疟疾复发，对于患有这种疟疾的患者群体而言是一个重要的里程碑，将帮助解决疟疾治疗领域对单剂量有效药物方面的巨大医疗需求。GSK和MMV表示，FDA批准Krintafel是一个重大的里程碑，也是对全球努力消灭疟疾的一个重大贡献。此外，作为有史以来首个单剂量药物，Krintafel有望大幅提高患者的依从性，在根除间日疟原虫疾病方面发挥巨大的作用。

---

40 MappBio Announces Contract with BARDA for Sudan Ebolavirus Medical Countermeasure.
https://mappbio.com/mappbio-announces-contract-with-barda-for-sudan-ebolavirus-medical-countermeasure/，2018-09-28

41 US FDA approves Krintafel（tafenoquine）for the radical cure of P. vivax malaria.
https://www.gsk.com/en-gb/media/press-releases/us-fda-approves-krintafel-tafenoquine-for-the-radical-cure-of-p-vivax-malaria/，2018-07-20

11. 美军新型抗疟药他非诺喹获批上市

2018年8月8日，美陆军医学研究与物资部（AMRMC）与60度医药公司（60P）共同研发的抗疟新药他非诺喹（tafenoquine，商品名Arakoda）获得美国FDA批准上市[42]。该药是8-氨基喹啉，为伯氨喹的化学衍生物，是60多年来首个获批的单剂量间日疟治疗药物。经过3100人的临床研究表明，能防治间日疟和恶性疟，杀死血液和肝脏中的疟原虫。全球临床试验表明，该药能够安全有效地根治疟疾并预防复发。他非诺喹的分子靶点目前尚不清楚，对间日疟感染肝脏阶段的原虫休眠子都有活性。他非诺喹还会导致体外红细胞萎缩。

12. 加拿大军队研发新的蓖麻毒素抗体

加拿大AntoXa公司2018年4月16日宣布，该公司从加拿大国防研究发展机构（DRDC）获得研发许可，开发生产抗蓖麻毒素单克隆抗体PhD9，预计在3年内上市销售[43]。蓖麻毒素被美国疾病预防控制中心（CDC）列为B类管制生物剂，目前尚无获得批准的解毒剂。PhD9抗体药物是由AntoXa公司与圭尔夫大学在加拿大军方资助下合作研发的，体外和体内研究发现，该抗体可以阻止蓖麻毒素穿透细胞，对蓖麻毒中毒有较好的治疗效果。AntoXa公司下一步将对PhD9开展大规模GMP制造、产品鉴定、动物安全和功效研究，并组织Ⅰ期临床试验。AntoXa公司拥有XPRESS®生物制药平台，利用转基因烟草生产单克隆抗体，周期不到6周，而且，成本远低于传统发酵系统。目前，还在研发蓖麻毒素、沙林、梭曼和埃博拉等化生战剂防治药物。

三、政府生防投入

（一）美国纽约州政府支持纽约医学院生物恐怖主义和灾难应对中心计划

2018年7月，纽约医学院生物恐怖主义和灾难应对中心（卓越中心）从纽约州政府获得75万美元，以帮助扩大该中心提高化学和生物恐怖威胁应对能力的相关计划[44]。纽约医学院于2017年6月8日正式开设了卓越中心，该中心可以为该地区提供亟须的地方资源，帮助医疗救援人员在恐怖袭击或自然灾害后为受害者提供医疗服务，该中心还将提供灾难和恐怖局势信息，并对化学和生物恐怖威胁的反应进行重点研究。此外，该中心还负责开展生化威胁应对人员培训计划。作为国防部试点计划的一部分，卓越中心曾与美国国防部一起开展此类培训计划，利用国防部军事战略指导急救人员在危险和动态环境中做出决策。政府增加对卓越中心的资金资助将有助于纽约医学院培训计划和恐怖威胁应对计划的开展与实施。

---

42   FDA Approves Malaria Drug Arakoda.

   https://www.pharmalive.com/fda-approves-malaria-drug-arakoda/，2018-08-09

43   AntoXa Corporation granted Defence R&D Canada license for novel，plant-made anti-ricin antibody.

   https://pipelinereview.com/index.php/2018041767875/Antibodies/AntoXa-Corporation-granted-Defence-RD-Canada-license-for-novel-plant-made-anti-ricin-antibody.html，2018-04-16

44   Lungariello M．Officials to announce $750K funding for bioterrorism response center.

   https://www.lohud.com/story/news/local/westchester/2018/07/08/funding-bioterror-center/766420002/，2018-07-08

（二）美国国立卫生研究院授予迪特里克堡生物防护设施管理合同

美国国立过敏与传染病研究所（NIAID）综合研究设施（IRF）是马里兰州迪特里克堡国家生物防御园区的一部分。根据一项价值约1.3亿美元的新合同，IRF将由Laulima Government Solutions有限责任公司负责管理和运营[45]。NIAID IRF是一个生物安全4级（BSL-4）专业生物防护设施，支持各种传染病病原体的基础研究和动物研究，以评估治疗药物、疫苗、诊断剂，以及与这些制剂相关的自然病史和发病机制。合同支持的重要活动包括分子生物学、免疫学、病毒学、细胞培养的临床核心服务；大气生物学；影像学，侧重于磁共振成像（MRI）、计算机断层成像（CT）、单光子发射计算机断层显像（SPECT）、正电子发射断层成像（PET）和超声检查；疫情暴发实验室支持；在IRF进行的比较医学、动物护理和技术支持；行政管理和行动，包括训练、程序化和后勤支持。

（三）美国开展"生物增强型"超级战士研究

据《每日快报》2018年8月20日报道，美国军方宣布投入1500万美元开展一项"极端实验"项目，以打造"生物增强型"超级战士。美国特种作战司令部称，这一旨在对战争进行彻底改变的项目名为《生物医学、人类表现和犬类研究计划》[46]。实验将使用人体模拟装置，而不是志愿者作为对象。该实验旨在寻求创造具有"强化感官"和"只需较少睡眠"的士兵；开发并确定一些技术，以便可以在早期应对威胁生命的伤害、长期的野外护理工作、人类性能和犬类药物及性能优化。根据美国国防部的文件，生物增强实验开发出的技术将会使生理性能得到最大化，包括在体型没有明显增加的情况下增强对极端环境的耐受性、感官应变能力及整体的身体素质。

（四）美军发布2016财年化生防护计划进展报告

2017年5月，美军化生防护计划（CBDP）向美国国会提交了2016财年的化生防护计划年度进展报告，详述了该计划一年来的研发与装备部队情况[47]。报告指出，合成生物学始终是至关重要的生防领域。合成生物学对医疗对策、检测技术、防护材料及其他化生放核防护技术的发展极为重要。合成生物学不仅可以开辟新的技术领域，还可以通过改进产品制造工艺、候选药物测试等途径来提高产品开发效率，节省时间和经费，并降低技术失败的风险。

2016财年，化生防护计划继续投入巨资提升应对生化威胁的评估诊断能力，研发

45　Lizotte S．NIH Awards Contract for Management of Biocontainment Facility at Fort Detrick．

https://globalbiodefense.com/2018/05/13/nih-awards-contract-for-management-of-biocontainment-facility-at-fort-detrick/，2018-05-13

46　Smith O．US announces mysterious £12m experiments to create 'bio-enhanced' super-soldiers．

https://www.express.co.uk/news/world/1005512/US-military-DARPA-super-soldiers-mysterious-experiments，2018-08-20

47　Department of Defense（DoD）Chemical and Biological Defense Program（CBDP）2016 Annual Report to Congress．

https://fas.org/irp/threat/cbw/cbd-2016.pdf，2017-05-06

更好、更准确和更快速的防护措施，具体进展如下：开发了一个新的诊断平台，完成了第一代新型诊断系统的野战评估，评估了有效性、适用性和生存性，并据此完成2016财年的生产决定和2017财年的初步部署计划。第一代新型诊断系统将从2017财年开始取代传统的联合生物战剂鉴定诊断系统（JBAIDS）。开发了一项低成本的手持式比色传感器阵列试纸（CSA），能够实现野外快速检测识别液体化学战剂和其他有毒化合物。

2016财年，化生防护计划在医疗对策领域的重点是继续研发疫苗和治疗药物，提供安全有效的医疗防护。美国卫生及公共服务部对ZMapp™（针对埃博拉病毒的三种单克隆抗体混合物药物）进行了临床研究。化生防护计划则继续研究解决该药物在运输、管理和使用方面的问题，预计2021年FDA将批准这种药物。2016财年，化生防护计划继续支持研发多个信息系统和软件模型，以便更好地掌握相关信息和进行评估预测。2016财年，化生防护计划共为部队装备了386 970套系统，从美国应急药品的国家战略储备（SNS）采办储备了721 210剂化生防护药物。2016财年，美军第一代集成防护服具备了初始作业能力。该防护服能灵活地整合轻量级的化生防护设备和现有的作训服。2016财年化生防护计划共签订了总价值8250万美元的生产合同。

（五）美国追加购买炭疽药物作为国家战略储备

2018年4月23日，美国卫生及公共服务部（HHS）负责准备和响应的助理部长（ASPR）办公室宣布，将从Elusys Therapeutics公司购买价值2520万美元的炭疽抗毒素，用于增加国家战略储备[48]。办公室主任Robert Kadlec博士表示，保护美国人免受炭疽等威胁仍然是该部门的首要任务。

这些资金来自美国生物医学高级研发局（BARDA），目前还负责继续生产和购买Elusys Therapeutics公司另一种新型吸入性炭疽治疗药物obiltoxaximab（商品名Anthim）。该药物可以与抗生素一起使用，以中和造成炭疽病的炭疽杆菌产生的毒素。

Elusys Therapeutics公司和生物医学高级研发局合作开发了这种药物，生物医学高级研发局获得了国立过敏和传染病研究所的早期研究资金。2016年3月，美国FDA批准在吸入炭疽患者中使用Anthim，并于同一年首次向国家战略储备交付该药物。

（六）美将埃博拉疫苗与药物纳入国家战略储备计划

2017年10月2日，据美国卫生及公共服务部（HHS）传染病研究和政策中心官网报道，美国生物盾牌计划第一轮资助的两种埃博拉疫苗和两种埃博拉药物纳入国家战略储备计划，包括默克公司的单剂量疫苗、强生公司的免疫增强疫苗、马普公司（Mapp）的单克隆抗体和雷杰纳荣公司（Regeneron）的单克隆抗体[49]。生物盾牌计划还将投入1.702亿美元，用于下一阶段开发、购买113万份疫苗和不定数量的抗体药物。

48　USA Expands Anthrax Preparedness By $25.2 Million Dollars.

https：//www.precisionvaccinations.com/anthim-obiltoxaximab-will-be-delivered-strategic-national-stockpile-public-health-emergencies，2018-04-24

49　Project BioShield adds Ebola vaccines，drugs to US stockpile.

http：//www.cidrap.umn.edu/news-perspective/2017/10/project-bioshield-adds-ebola-vaccines-drugs-us-stockpile，2017-10-02

默克公司单剂量疫苗前期接受了国防威胁降减局（TDRA）3920万美元资助，用于研发单剂量疫苗VSV-EBOV。该疫苗早期由美国国立过敏和传染病研究所资助的加拿大公共卫生局和NewLink公司研制。该疫苗在西非的Ⅲ期临床表明效果良好，并已经用于临床使用。

强生公司免疫增强疫苗前期已接受生物盾牌计划4470万美元资助，包括Ad26.ZEBOV和北欧巴伐利亚公司（Bavarian Nordic）的MVA-BN-Filo两个成分。该疫苗已在欧、美、非多地开展临床试验。

马普公司的单克隆抗体前期接受生物盾牌计划4590万美元资助，该抗体是三种单克隆抗体混合物，已经在西非埃博拉疫情期间使用。雷杰纳荣公司的单克隆抗体前期接受生物盾牌计划4040万美元资助，该抗体REGN3470-3471-3479也是三种单克隆抗体混合物，但是采用了该司独有的中国仓鼠卵巢细胞专利技术，能够快速开发候选药物和快速扩大规模生产。

（军事科学院军事医学研究院　李丽娟　高云华）

（山东省科学院情报所　王　燕　魏惠惠　崔姝琳　沈晓旭）

第四章

国外生物安全技术进展

一、合成生物学

合成生物学技术是有目的地设计、改造，乃至重新合成、创建新生命体系的工程化生物技术。合成生物学迅猛发展的时代，为经济生活和社会发展带来很多便利的同时，也扩展了国防应用潜力，甚至产生了诸多潜在危害，应高度重视合成生物学技术迅猛发展的颠覆性影响和对国家安全的潜在威胁。合成生物学综合了分子生物学、工程学和计算科学等技术，利用基因和基因组的基本要素及其组合，设计、改造、重构或是创造生物元件、代谢途径与网络、生物反应系统乃至具有生命活力的生物个体。

2018年6月，美国国防部委托美国国家科学院对合成生物学可能引发的生物威胁进行了评估，发布了《合成生物学时代的生物防御》报告[1]。报告指出，合成生物学的滥用可被用于制造生物武器，且难以预防、监测和预警，将对民众和军事作战产生巨大威胁。该报告评估了合成生物学可能带来的潜在威胁，按照威胁的紧急程度和危害程度拟定了防御框架，并建议国防部加强公共卫生基础设施建设以充分预防潜在的生物攻击。另外，美国约翰·霍普金斯大学卫生安全中心受美国国防部委托研究了病毒大流行桌面推演：一种名为"Clade X"的生物工程合成病毒被恐怖组织故意释放，导致20个月后1.5亿人死亡。结合美军近年对合成生物学领域的项目投入加大的基本事实，能够清晰地判断美军对合成生物学领域的高度关注。

2018年英国发布《英国合成生物学初创调查》、英国劳埃德咨询公司发布《合成生物学的新兴风险报告》，都强调了对合成生物学领域的重点关注，其中均涉及合成生物学带来的生物安全问题。

（一）主要进展

合成生物学的关键技术主要包括生物元件设计、人工基因线路、代谢工程、DNA合成、基因编辑、人工细胞和基因组设计等领域。2018年，合成生物学关键技术取得了快速发展。

1. 生物元件设计

近年来，随着合成生物学的蓬勃发展，人们很快认识到，生物系统可以在定量模型

1　https://www.nap.edu/read/24890

指导下，用"模块化、标准化"的组成单元来设计构建人工复杂系统。其中，生物元件为合成生物学的三大基本要素之一，对其进行深入挖掘和改造已成为合成生物学领域的重要研究方向。为了方便利用模块化、标准化的"部件"拼装"机器"，2003年，美国麻省理工学院相关合成生物学实验室成立了标准生物元件登记库，收集满足标准化条件的生物元件[2]。2018年，该登记库已纳入超过20 000个生物元件，其中包括启动子、转录单元、质粒骨架、蛋白质编码区等DNA序列，以及核糖体绑定位点、终止子等RNA序列和蛋白质结构域。

2. 人工基因线路设计

人工基因线路由遗传开关、生物振荡器、逻辑门等组成，以执行诸多调控功能。2018年，波士顿大学提出了一种新型的CAR-T设计方案——"SUPRA CAR"[3]，被诸多科技媒体称为新一代的CAR-T疗法，引起了广泛关注。SUPRA CAR方案通过将CAR-T固定式细胞外scFV单链抗体与细胞内CD3z信号结构域拆分为由亮氨酸拉链通用结构连接的两部分，分别实现了两部分的模块化设计和可编程性，为人工基因线路设计创造了可能。基于该方案设计的人工基因线路能够对多种抗原信号产生逻辑响应，并且调控不同免疫细胞类型的信号通路。通过合适的线路设计，还实现了调节T细胞激活反应强度，以减轻治疗的副作用。

3. 面向生物合成的代谢工程策略设计

代谢工程研究的主要目的是通过改造菌株代谢网络，高效地合成目的产品。2018年，瑞典Hatzimanikatis研究组基于化学信息学，在KEGG数据库中反应的基础上扩展酶反应，创建了ATLAS数据库[4]，其中包含13万多个在已知反应基础上通过结构相似性设计得到的新生化反应。利用该数据库，他们设计了多条可以生成生物燃料丁酮的全新途径，并对不同途径的理论得率进行了比较分析，以获得最优途径。该研究提出了基于生化反应规则和化合物结构特征来设计新反应的方法，使得通过酶改造来构建具有新催化活性的酶，实现新的转化过程来获得新的生物产品成为可能，甚至可能合成出自然界不存在的全新生物分子。

4. DNA合成、组装及转移技术

DNA合成及基因组装、转移技术是合成基因组学乃至整个合成生物学领域的核心技术体系，其技术突破将极大地推动合成生物学的发展。2018年8月，中国科学院覃重军等报道将酿酒酵母16条染色体合并为1条长度达11.8Mb的染色体，并获得了有正常功能的单染色体酵母菌株[5]。带有1条染色体的酵母，可作为一个新的研究平台，增进我们对染色体重组、复制和分离机制的解析，具有重要的意义。此外，该研究的结果也说明酿酒酵母对染色体长度拥有惊人的容忍度（至少可以长达12Mb），这为利用酵母构建高等生物的超长染色体提供了理论依据，有利于后续GP-write项目（基因组编写计划）

2　http://parts.igem.org/Main_Page

3　Cho J H, Collins J J, Wong W W. Universal chimeric antigen receptors for multiplexed and logical control of T cell responses. Cell, 2018, 173（6）: 1426-1438.

4　Hadadi N, Hafner J, Shajkofci A, et al. ATLAS of biochemistry: a repository of all possible biochemical reactions for synthetic biology and metabolic engineering studies. ACS Synth Biol, 2016, 5（10）: 1155-1166.

5　Shao Y, Lu N, Wu Z, et al. Creating a functional singlechromosome yeast. Nature, 2018, 560（7718）: 331-335.

的开展。

5. 基因编辑技术

基因编辑是指对目标基因进行删除、替换、插入等操作，以获得新的功能或表型，甚至创造新的物种。作为生命科学发展迅速的重要研究领域，基因编辑技术的开发及应用使得对生物体的遗传改造达到了前所未有的深度与广度。2018年，上海科技大学的陈佳课题组将无DNA切割活性的dCas12a与大鼠源的胞嘧啶脱氨酶（APOBEC1）融合，发现其与基于Cas9的碱基编辑器类似，能有效地催化人类细胞中碱基C到T的转换[6]。另外，在合成的基因组中可以引入基因编辑体系，为新生物体的进一步改造及应用提供更多的可能性。SCRaMbLE技术是一种快速的染色体重排修饰技术，可以加速生物体的进化，其本质上是一种非定点的诱导型基因编辑技术。中国的Sc2.0计划拟在合成的酵母基因组中插入约5000个loxPysm位点，该计划近期发表的系列成果[7]表明，SCRaMbLE系统可以诱导获得增强型工业用酵母菌株，提高目标代谢物的产量等。

6. 人工细胞的表型测试

基因组测序、编辑与合成技术日新月异，推动了基因型"设计"和"合成"能力的突飞猛进，同时也使人工细胞的表型检测成为合成生物学发展的瓶颈环节之一。2018年，在单细胞表型测试方面，我国研究出了可对细胞内的酶进行检测和成像的小分子酶荧光探针，以及能够检测内源多巴胺和乙酰胆碱动态变化的可基因编码的多巴胺荧光探针和新型乙酰胆碱荧光探针；在单细胞表型分选方面，我国研究出了基于微流控的荧光激活细胞分选（FACS），通过采用表面驻波声波三维细胞聚集技术和基于高通量高分辨率图像处理的单细胞表型检测分选平台（IACS）的衣藻突变体库的多参数智能化筛选技术。

7. 基因组的设计

近年来随着基因组技术的发展，DNA合成成本不断降低，尤其是关键的DNA大片段拼接及基因组转移技术的进步，使得从头全合成和拼接完整的微生物基因组获得了成功，为人工合成生命细胞打破了技术屏障。覃重军等研究团队通过15轮的染色体融合将酿酒酵母天然的16条染色体逐一融合，人工创建了只含有单条线型染色体的酵母细胞（SY14）。在染色体的人工逐一融合过程中，构建了从SY0到SY13的染色体数目不断减少的一系列中间菌株，最终构建的SY14菌株删除了15个着丝粒、30个端粒、19个长的重复序列。该项研究也是基因组设计技术在2018年取得的重大突破[8]。

8. 合成马痘病毒研究引发争议

2017年7月，科学网站报道加拿大阿尔伯塔大学医学微生物及免疫学研究团队合成了一种与天花病毒有亲缘关系的马痘病毒。因合成的马痘病毒可能被用于生物武器研发，受到众多争议。德国慕尼黑大学病毒专家表示，如果可以制造出马痘病毒，天花病毒也可能会被制造出来。研究人员也承认，人工合成马痘病毒的研究可能是一把"双

6　Li X，Wang Y，Liu Y，et al. Base editing with a Cpf1-cytidine deaminase fusion. Nat Biotechnol，2018，36（4）：324-327.

7　Shen M J，Wu Y，Yang K，et al. Heterozygous diploid and interspecies SCRaMbLEing. Nat Commun，2018，9（1）：1934.

8　Shao Y，Lu N，Wu Z，et al. Creating a functional singlechromosome yeast. Nature，2018，560（7718）：331-335.

刃剑"，被不法分子利用的风险一直存在。但同时也强调了该技术的学术价值，它可以帮助解释早期的天花免疫接种史。相关研究成果于2018年1月发表在 *PLoS One* 杂志上，该杂志"两用性"委员会一致认为，该研究"开发潜在疫苗"的好处超过了可能产生的风险。但约翰·霍普金斯大学布隆博格公共卫生学院卫生安全中心人员认为，相关研究成果发表出来是一个严重的错误。全球卫生当局应提高警惕，建立相关审查机制，防止此类研究带来的风险。应关注各种生物双用途研究，建立及完善审查机制，防止相关研究被用于制造生物武器。

9. 研究人员模拟天花重现的后果

2017年，加拿大科学家在实验室利用邮购的DNA制造了类天花病毒。2018年，他们公布了在实验室中制造这种病毒的步骤，使用数学模型来确定悉尼和纽约等城市重新出现天花病毒的后果，使天花重现的威胁空前放大，突显了世界重新出现天花的风险。这项研究发现，悉尼、纽约等城市天花感染率最高的是20岁以下的人，但死亡率最高的是45岁以上的人。尽管纽约曾大规模接种天花疫苗，但由于免疫抑制作用，很多人不能得到有效保护，模拟的感染情况比悉尼更为严重。该研究还强调了卫生工作人员接种疫苗以及医院配备合适的隔离设施对于降低天花病毒暴发的重要性。病毒合成试验大大增加了新发和再发传染病威胁的风险，应在加强相关研究监管的同时，对已有的人工改造或合成病毒重点防范，降低暴发的风险和影响。

10. 合成生物学的医学应用进展

在人工噬菌体用于耐药菌治疗方面，2018年，Sample6技术公司利用合成生物学技术改造噬菌体，可使噬菌体直接识别并杀死细菌，或产生特定酶来破坏细菌保护膜，从而使细菌被抗生素或机体免疫系统杀灭；上海噬菌体与耐药研究所也于2018年8月成功治愈了一例超级细菌感染患者。

在人工细胞用于遗传病的基因治疗方面，2017年，Sangamo公司开展了全球首例人体内基因编辑治疗，治疗效果很好，没有出现严重的副作用或安全问题。2018年2月，Sangamo公司被批准实施第二位患者的体内基因治疗。

在人工细胞用于肿瘤诊疗方面，CAR-T疗法当前在全球正在进行307项临床试验，其中164项来自中国。2018年7月，美国批准了诺华公司的Kymriah（曾用名CTL019）这一全球首个CAR-T产品上市，用于治疗急性淋巴细胞白血病。Kite公司的Yescarta（KTE-C19）也紧随其后获批上市。

11. 合成生物学的工业应用进展

在蛋白骨架技术方面。Lee等[9]的研究表明，通过人工合成的蛋白骨架，使酶以特定位置和序列附着在骨架上，可以控制代谢途径中酶的空间位置，从而使合成途径相邻的酶聚集在物理空间比较近的区域，使底物和酶距离接近，提高生化反应的速率。另外，蛋白骨架也可以调节酶的催化效率，通过这项技术可以获得最优组合，最终提高细胞工厂的性能。在光合作用合成生物学领域中，近年来国际相关研究团队获得了长足发展。我国研究人员也建立了以蓝细菌等单细胞藻为底盘，生产各类能源及高附加值分子的研

9　Lee M J, Mantell J, Hodgson L, et al. Engineered synthetic scaffolds for organizing proteins within the bacterial cytoplasm. Nat Chem Biol, 2018, 14（2）：142-147.

究体系及平台，建立了以微拟球藻为代表的工业微藻合成生物学模式物种[10]，建立了能源微藻合成生物学国际研究合作网络，为深入理解光合作用的网络调控机制，以及设计与构建高效、低成本、可规模化部署的光合产能细胞工厂奠定了基础。

（二）文献计量分析

以美国科学情报研究所Web of Science文献数据平台SCI核心数据库为数据来源，于2019年1月6日　以TS=（"minimal genome*" OR "synthetic live*" OR "synthetic life" OR "synthetic cell*" OR "synthetic tissue*" OR "synthetic chromosome" OR "synthetic biolog*" OR "synthetic genome*" OR "synthetic gene*" OR "biology，synthetic"）为检索词，进行主题检索，时间范围为2009年至2018年，共检索出9161篇相关文献，经过数据清洗之后综合应用Bibexcel、VOSviewer等相关软件进行文献可视化分析，展示全球合成生物学领域研究主要优势国家、优势机构和科学家，以及研究热点和前沿。

1. 合成生物学研究发展趋势

近十年来，全球合成生物学研究总发文量9161篇，发文量较多，呈快速增长趋势。其中，2014年之后年均发文量达千篇以上，由该领域年度发文情况分析表明，合成生物学作为一门新兴学科，已经得到了全球的广泛关注，并开展了深入研究，论文产出逐年增高，学科的发展较为迅速，成为全球热门研究领域（图4-1）。

图4-1　2009～2018年全球合成生物学领域文献发文趋势

2. 合成生物学研究主要国家

对合成生物学领域研究国家进行分析，可以分析该领域研究主要优势国家。2009—2018年合成生物学领域SCI论文产出数量前10位的国家情况如表4-1所示。可以看出美国在合成生物学领域的研究具有绝对的优势，发文量达3824篇，占全部发表文献的40%以上，其他指标如总被引频次、篇均被引频次、h指数均位于第一。我国在该领域

10　Zhang H，Liu Y，Nie X，et al. The cyanobacterial ornithineammonia cycle involves an arginine dihydrolase. Nat Chem Biol，2018，14：575-581.

发文988篇，h指数为54，位于全球第三位，其他前10位国家为英国、德国、法国、日本、西班牙、瑞士、加拿大、意大利。

表4-1　近十年全球合成生物学发文TOP10

国家	发文数	占总数百分比（%）	总被引频次	篇均被引频次	h指数
美国	3 824	41.74	104 402	27.30	135
英国	1 044	11.40	20 177	19.33	64
中国	988	10.78	13 956	14.13	54
德国	854	9.32	16 454	19.21	61
法国	475	5.18	7 664	16.13	41
日本	400	4.37	5 621	14.05	37
西班牙	366	4.00	4 951	23.53	35
瑞士	344	3.76	6 623	19.25	42
加拿大	313	3.42	8 314	26.56	40
意大利	267	2.91	4 793	17.95	33

3. 合成生物学领先研究机构

上述国家层面的分析结果较为宏观，对于寻求合作伙伴、关注特定研究前沿和方向、对比国内外研究实力差距等方面的参考意义较小，因此将研究层面深入至机构层面非常必要[11]。全球合成生物学研究文献数量排名前10的机构中美国所占比重最大，其中排名靠前的包括加州大学系统、麻省理工学院、美国能源部、哈佛大学等机构。中国科学院排名第5，其他机构包括法国国家科学研究中心、伦敦帝国学院、瑞士联邦理工学院、马克斯·普朗克学会等（表4-2）。

表4-2　近十年全球合成生物学主要研究机构TOP10

机构名称	发文数量	总被引频次	篇均被引频次	h指数
加州大学系统	666	26 424	39.67	84
麻省理工学院	324	15 003	46.31	60
美国能源部	304	11 344	37.32	54
哈佛大学	282	18 917	67.08	62
中国科学院	245	3 777	15.42	31
法国国家科学研究中心	241	4 199	17.42	32
伦敦帝国学院	191	4 059	21.25	34
瑞士联邦理工学院	188	4 114	21.88	35
劳伦斯·伯克利国家实验室	163	8 176	50.16	44
马克斯·普朗克学会	157	3 522	22.43	31

11　倪萍，安新颖. 合成生物学研究领域文献计量分析. 科技管理研究，2016，36（3）：261-266.

从机构合作方面来看，形成了以加州大学系统、麻省理工学院、美国能源部、哈佛大学、中国科学院、法国国家科学研究中心、伦敦帝国学院、瑞士联邦理工学院、劳伦斯·伯克利国家实验室、马克斯·普朗克学会等机构为主体的全球合作网络。如图4-2所示，相同的颜色代表研究机构具有相同的研究方向，可以看出全球合成生物学形成了优势研究机构和研究团队，我国中国科学院、天津大学、北京大学、清华大学、南京农业大学、上海交通大学等机构也在该网络中（图4-2）。

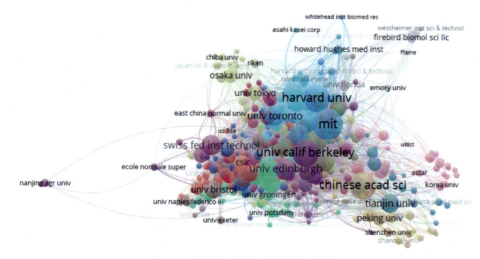

图4-2　全球合成生物学机构合作网络

4. 合成生物学主要研究作者

全球合成生物学领域主要科学家发文前10的作者如表4-3所示，来自瑞士巴塞尔大学的 M.Fussenegger发文量第一、其他发文较多的还有来自美国能源部联合生物能研究所的 J.D.Keasling、麻省理工学院的K.Lu T、J.J.Collins、C.A.Voigt，哈佛大学的P.A.Silver、德国弗莱堡大学的W.Weber、美国西北大学的M.C.Jewett和西班牙CSIC国家生物技术中心的V.de Lorenzo（表4-3）。

表4-3　全球合成生物学发文作者TOP10

全名	机构	发文量（篇）	总被引次数	篇均被引	h指数
Fussenegger M	瑞士巴塞尔大学	96	2477	25.8	28
Keasling J D	美国能源部联合生物能研究所	66	4468	67.7	29
Zhao HM	美国伊利诺大学	57	1778	31.19	23
Lu TK	麻省理工学院	50	2335	50.7	23
Collins J J	麻省理工学院	47	4508	95.91	25
Silver P A	哈佛大学	47	2206	46.94	26
Voigt C A	麻省理工学院	47	3123	66.45	26
Weber W	德国弗莱堡大学	47	988	21.02	19
Jewett M C	美国西北大学	41	1132	27.61	16
de Lorenzo V	西班牙CSIC国家生物技术中心	39	749	19.21	16

5.合成生物学基金资助项目

在基金资助方面，合成生物学领域资助项目最多的是美国国立卫生研究院（NIH），资助项目达859项，其次是美国国家科学基金会（NSF）、中国国家自然科学基金委员会、英国生物技术和生物科学研究委员会（BBSRC）、英国工程与自然科学研究理事会（EPSRC）、欧洲联盟（EU）、欧洲研究理事会（ERC）、美国海军研究办公室（ONR）、美国国防高级研究计划局（DARPA）、瑞士国家科学基金会（SNSF）等（图4-3）。

图4-3　合成生物学领域主要基金资助

6.合成生物学高被引文献分析

近十年来，合成生物学领域共发文9162篇，共被引177 400次，篇均被引频次为19.36，h指数为150。高被引文献主要研究关于细胞的遗传结构、由化学合成的基因组构建新的细胞、合成生物学的第二波浪潮：从模块到系统、合成的全基因组关联、合成生物学应用成熟、利用合成生物学生产藻类生物燃料、合成基因网络、遗传和进化的合成遗传聚合物等。该领域高被引文献前10中，9篇高被引文献来自美国，1篇来自英国（表4-4）。

表4-4　高被引文献TOP 10

排名	标题	作者	期刊来源	发表时间	被引频次	国别
1	The genetic landscape of a cell	Costanzo M；Baryshnikova A；Bellay J 等	Science	2010	1242	美国
2	Creation of a bacterial cell controlled by a chemically synthesized genome	Gibson DG；Glass JI；Lartigue C等	Science	2010	1058	美国

续表

排名	标题	作者	期刊来源	发表时间	被引频次	国别
3	An ER-mitochondria tethering complex revealed by a synthetic biology screen	Kornmann B；Currie E；Collins SR 等	Science	2009	604	美国
4	The second wave of synthetic biology：from modules to systems	Purnick PEM；Weiss R	Nature Reviews Molecular Cell Biology	2009	593	美国
5	Rare variants create synthetic genome-wide associations	Dickson SP；Wang K；Krantz Ian 等	Plos Biology	2010	574	美国
6	Synthetic biology：applications come of age	Khalil AS；Collins JJ	Nature Reviews Genetics	2010	568	美国
7	Exploiting diversity and synthetic biology for the production of algal biofuels	Georgianna DR；Mayfield SP	Nature	2012	327	美国
8	Synthetic gene networks that count	Friedland AE；Lu TK；Wang X 等	Science	2009	321	美国
9	Diversity-based, model-guided construction of synthetic gene networks with predicted functions	Ellis T；Wang X；Collins JJ	Nature Biotechnology	2009	294	美国
10	Synthetic genetic polymers capable of heredity and evolution	Pinheiro VB；Taylor AI；Cozens C 等	Science	2009	290	英国

二、基因编辑

基因编辑是指对特定基因进行编辑改造，通过删除、替换、插入等操作，来改写遗传信息，以获得新的功能或表型。1996年，作为第一代基因编辑技术的锌指核酸酶技术（ZFN）诞生，被认为是里程碑式的突破。2011年，第二代转录激活因子样效应物核酸酶（TALEN）技术诞生。2013年，基因编辑技术又有新的重大进展，科研人员发明了第三代规律成簇间隔短回文重复（CRISPR）及其相关蛋白（Cas）技术，可以精确地在基因组中定位、剪断、插入基因片段，使基因编辑技术应用得更加广泛，不断引发研究热潮。

（一）主要进展

近两年来，基因编辑一直是生物科技领域的研究热点，相关技术不断成熟，在基础研究、临床治疗、药物研发、遗传改良等方面不断取得突破性进展。

1. 科学家研究发现基因编辑系统有通用"刹车装置"

CRISPR-Cas9系统虽简单高效，但无法在错误基因得到修复后停止剪切功能，而是可能继续修改正常基因，导致脱靶效应。此前已经有至少7种Cas9抑制蛋白（ACR蛋白）被发现，具有使细胞停止剪切和编辑的功能。2017年8月24日，最先提出CRISPR-Cas9可以进行基因编辑的美国生物学家詹妮弗·杜德纳（Jennifer Doudna）团队在《细胞》（Cell）杂志发表了最新成果：他们通过X衍射结晶法发现，两种抑制Cas9活性的蛋白质ACRⅡC1和ACRⅡC3具有完全不同的作用机制，且ACRⅡC1具有广谱抑制性，即能在不同基因编辑系统中扮演"刹车装置"的作用，使基因编辑过程在适当的时候终止，减少脱靶效应[12]。

2. 全球首例人体内基因编辑试验实施

2017年11月15日，美国《科学》（Science）杂志在线版报道，加州大学旧金山分校的科学家首次尝试在人体内直接进行基因编辑。他们向一名44岁的亨特综合征患者血液内注入了基因编辑工具，希望以永久性改变基因的方法来治愈严重遗传疾病。亨特综合征由基因突变导致，患者细胞代谢废物无法分解，累积在组织器官中，最终产生机能障碍。受试者所接受的基因编辑工具并非一直以来广受关注的CRISPR，而是第一代基因编辑工具锌指核酸酶，其进行定位的序列更长，操作相对复杂，基因编辑的精准度也更高。

本次治疗中，非致病性腺相关病毒将运载着两个锌指核酸酶和一个正常基因，直达患者的肝部细胞。到达后，锌指核酸酶将准确找到"工作位置"，像剪刀一样将DNA双链切开，填充进正常基因。通过DNA的自我修复机制，原有的DNA片段会接受新的正常基因[13]。治疗成效将在3个月内得到确切答案，其一旦成功，将会推动基因疗法进入全面开展阶段。尽管这项试验引起了部分公众的担忧，但美国国立卫生研究院参与批准这一项目的官员表示，到目前为止，尚没有证据表明该疗法具有危险性。

3. 科学家改进CRISPR技术，有望加速细胞基因组编辑

CRISPR技术能帮助人们以惊人的精确度对DNA进行修剪，但追踪这些改变对基因功能的影响常常比较耗时。2018年4月9日，美国加州大学洛杉矶分校的研究人员在《自然·遗传学》（Nature Genetics）杂志上发表报告，称通过改进CRISPR技术，实现了一次对数以万计的基因编辑结果进行监测。研究人员开发的新方法能物理性地将数千个向导分子与其配偶体分子相连接，从而将完美的配对模式运输到每一个细胞中。随后对一系列推测对细胞有害的遗传突变进行研究，并在酵母细胞中进行实验。结果表明，酵母中对基因修饰所产生的细胞改变会快速发生，并很容易被观察到。当在液体培养基中培养了数百万个酵母细胞后，研究人员利用CRISPR技术将一系

12　Harrington L B, Doxzen K W, Ma E, et al. A Broad-Spectrum Inhibitor of CRISPR-Cas9. Cell, 2017, 170(6): 1224-1233. e15.

13　A human has been injected with gene-editing tools to cure his disabling disease. Here's what you need to know.

http://www.sciencemag.org/news/2017/11/human-has-been-injected-gene-editing-tools-cure-his-disabling-disease-here-s-what-you.

列标准化的配对"向导"和"补丁"分子运输到了每一种细胞中，从而同时深入研究大约1万个不同的突变对细胞所产生的效应，4天后研究人员就能鉴别出存活或发生死亡的细胞。研究人员希望这种新技术能够帮助科学家们快速识别出最具危害性的遗传编辑[14]。

4. 美国升级基于CRISPR技术的新型诊断工具，以快速应对病毒暴发

2018年4月，美国麻省理工学院和哈佛大学的研究人员宣布开发出一种新工具，可以更好地准备和构建基于CRISPR的病毒诊断工具SHERLOCK，以快速应对病毒暴发。该升级工作使临床医生对患者样本的诊断更加快速、成本更低，并能够直接追踪体液中的流行病传播情况，对实验室设备的需求度降低，可以在现场进行更快速的诊断工作。研究团队希望与尼日利亚的合作者一起测试SHERLOCK，以帮助尼日利亚遏制最近发生的拉沙热疫情。SHERLOCK在目前的研究中已经显示出对突变的敏感性，研究人员还设计了能够鉴别与小头畸形相关的寨卡病毒突变的测定，希望更多发展中国家能够采用SHERLOCK诊断平台[15]。

5. 电穿孔技术可将基因编辑缩短至几周

美国加州大学旧金山分校的科研人员发现，快速的电流使得T细胞更容易接受新的遗传物质和基因编辑试剂，也就是实验室常用的电穿孔技术（electroporation）竟能提高基因编辑的效率，而且不需病毒载体。这一研究成果公布在2018年7月11日的《自然》（*Nature*）杂志。这是一种快速、灵活的方法，能对T细胞进行改造、增强以及重编程，赋予这些细胞各种特异性，用来摧毁肿瘤、识别感染，或是减少它们的免疫反应，治疗自身免疫疾病。到目前为止，这一技术已用于调整健康供体T细胞中的遗传物质，并纠正患有自身免疫疾病的儿童细胞中的单个突变，但还未进行人体实验，研究团队正在努力获得FDA的批准，以便用经过调整的T细胞对患病儿童进行治疗[16]。

6. 对人胚胎进行基因编辑会导致大片段DNA缺失

2018年8月9日，《自然》（*Nature*）杂志报道了澳大利亚等多国研究人员联合开展的一项研究，结果发现对人胚胎进行CRISPR/Cas9基因编辑会导致大片段DNA缺失，这是实现胚胎基因编辑潜在益处的一个重大障碍。2017年8月，《自然》杂志曾报道了另一项研究，似乎证实对人类胚胎进行基因编辑可高度有效地修复大多数胚胎中的一个缺陷基因。而本次研究正是针对之前研究中实现的基因校正提供了另一种解释：这种基因编辑技术并没有修复小错误，而是产生了更大的错误。研究人员证实，尽管CRISPR/Cas9技术是非常令人关注的基因编辑工具，但DNA在编辑过程中有时会丢失，从而导

14　Sadhu M J, Bloom J S, Day L, et al. Highly parallel genome variant engineering with CRISPR-Cas9. Nat Genet, 2018, 50（4）: 510.

15　Myhrvold C, Freije CA, Gootenberg JS, et al. Field-deployable viral diagnostics using CRISPR-Cas13. Science, 2018, 360（6387）: 444–448.

16　Roth TL, Puig-Saus C, Yu R, et al. Reprogramming human T cell function and specificity with non-viral genome targeting. Nature, 2018, 559（7714）: 405-409.

致大片段DNA缺失而无法使有缺陷的基因恢复功能[17]。

7. CRISPR全基因组筛选首次用于鉴定有助于细胞抵抗黄病毒感染的基因

2018年9月美国德州大学西南医学中心研究人员宣布，CRISPR全基因组筛选首次用于鉴定有助于细胞抵抗黄病毒感染的基因。由微生物学助理教授John Schoggins博士领导的团队使用CRISPR技术，将IFI6基因鉴定为针对黄病毒的有效抗病毒基因。随后，研究人员利用传统的细胞培养研究来证实该基因在抵御寨卡病毒、西尼罗河病毒、登革热病毒和黄热病病毒感染中的作用[18]。

8. CRISPR新工具开辟出更多可编辑基因组位点

2018年10月，美国麻省理工学院（MIT）的研究人员宣布发现了一种可靶向几乎一半基因组位点的Cas9酶，从而极大地扩展了基因编辑工具的适用范围。尽管基因编辑工具近年来取得了相当大的成功，但CRISPR-Cas9在基因组上可访问的位点数量仍然有限。为了开发更通用的CRISPR系统，研究人员利用算法对细菌序列进行生物信息学检索，以确定是否存在类似的、对PAM（前间隔序列邻近基序）限制性要求较低的酶。研究最终发现，最成功的酶是来自犬链球菌的ScCas9，其与目前广泛使用的Cas9酶非常相似，但能够靶向常用酶不能靶向的DNA序列。新酶只需要一个而不是两个G核苷酸作为其PAM序列，从而在基因组上开辟了更多的靶向位点，允许CRISPR靶向许多先前已经超出系统范围的特异性疾病突变[19]。

9. 在恶性疟原虫中进行基因编辑的新型遗传操作工具诞生

2018年12月24日，《美国国家科学院院刊》（PNAS）在线发表了中国科学院上海巴斯德研究所团队的最新研究成果。科研人员开发了一种在恶性疟原虫中进行基因编辑的新型遗传操作工具。疟原虫是引起疟疾的真核病原微生物，其中恶性疟原虫的感染致死率最高。分子水平的遗传操作是研究恶性疟原虫病理学以及抗药机制的重要工具，但恶性疟原虫缺乏可运行RNA干扰（RNAi）机制的关键元件。研究团队利用CRISPR/dCas9系统，在恶性疟原虫中成功构建了基于表观遗传修饰的新型基因编辑工具。分别将dCas9与恶性疟原虫乙酰转移酶（PfGCN5）和去乙酰化酶（PfSir2a）融合表达。在特异性小向导RNA（sgRNA）的引导下,dCas9重组蛋白可以在靶基因的转录起始位点（TSS）附近特异性调节染色质蛋白乙酰化修饰水平，从而控制该基因表达的沉默或激活。运用此新型CRISPR/dCas9技术，该团队分别对恶性疟原虫感染人体红细胞的两个关键基因PfRh4和PfEBA-175成功地进行了表达调控，并诱导出相应的感染表型的变化。在此基础上，该团队进一步鉴定出恶性疟原虫生长必需基因PfSET1参与调节恶性疟原虫红内期生长过程的分子基础。该研究成果为恶性疟原虫基因编辑提供了新的有效的遗传操

---

17 Adikusuma F，Piltz S，Corbett M A，et al. Large deletions induced by Cas9 cleavage. Nature，2018，560：E8–E9.

18 Richardson RB，Ohlson MB，Eitson JL，et al. A CRISPR screen identifies IFI6 as an ER-resident interferon effector that blocks flavivirus replication. Nat Microbiol，2018，3（11）：1214-1223.

19 Chatterjee P，Jakimo N，Jacobson J M . Minimal PAM specificity of a highly similar SpCas9 ortholog. Sci Adv，2018，4（10）：eaau0766.

作工具，为恶性疟原虫功能基因组学研究提供了强大的遗传操作系统[20]。

（二）文献计量分析

以美国科学情报研究所Web of Science文献数据平台SCI核心数据库为数据来源，于2019年3月6日以"gen* edit*" OR "ZFN" OR "TALEN" OR "CRISPR"为检索策略，进行主题检索，时间范围为2009年至2018年，共检索出16 076篇相关文献，选择其中类型为"ARTICLE"的文献9900篇，经过数据清洗之后综合应用Pajek、VOSviewer、Bibexcel相关软件进行文献可视化分析，展示全球基因编辑领域研究主要优势国家、优势机构和科学家，以及研究热点和前沿。

1.基因编辑研究发展趋势

近十年来，全球基因编辑研究总发文量突飞猛进，2009年仅为52篇，但此后每年发文量比上年增加的幅度都较大，2018年已经高达3127篇，凸显出基因编辑已成为目前生物科技领域重要的研究热点（图4-4）。

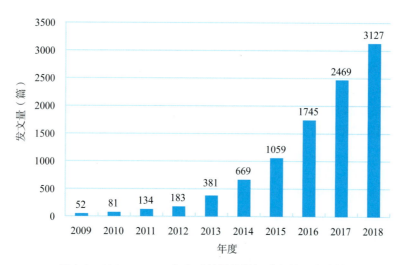

图4-4　2009 ～ 2018年全球基因编辑领域文献研究趋势

2.基因编辑研究主要国家

在基因编辑研究文献发表总量方面，美国居首位，几乎占全部发表文献的50%。我国位于第二位，约占22.37%。排名前十的其他国家有日本、德国、英国、法国、加拿大、荷兰、韩国和澳大利亚。从发文质量上看，美国总被引频次、篇均被引频次和h指数远高于其他国家。中国的篇均被引频次较低，位于第九位。荷兰的总发文量较低，但篇均被引频次较高，仅次于美国（表4-5）。

20　Xiao B，Yin S，Hu Y，et al. Epigenetic editing by CRISPR/dCas9 in *Plasmodium falciparum*. Proc Natl Acad Sci USA，2019，116（1）：255-260.

表4-5　全球基因编辑优势国家发文情况

国家	发文量（篇）	占总数百分比（%）	总被引频次	篇均被引频次	h指数
美国	4891	49.40	178 136	36.42	179
中国	2215	22.37	42 066	19	88
日本	913	9.22	15 183	16.63	59
德国	900	9.10	21 530	23.92	66
英国	687	6.94	13 291	19.35	55
法国	479	4.84	13 813	28.84	56
加拿大	382	3.86	9340	24.45	45
荷兰	352	3.56	11 938	33.91	54
韩国	345	3.49	8094	23.46	43
澳大利亚	297	3.00	3936	13.25	32

3. 基因编辑领先研究机构

全球基因编辑领域领先的研究机构有加州大学系统、哈佛大学、中国科学院、霍华德·休斯医学研究所、麻省理工学院、VA波士顿医疗保健系统、美国国立卫生研究院、法国国家科学研究中心、得克萨斯大学系统和斯坦福大学等机构。其中，加州大学系统在基因编辑相关文献的发文数量上排名全球第一，但哈佛大学和麻省理工学院在体现文献质量的总被引频次、篇均被引频次和h指数方面处于领先地位。中国科学院的发文数量位于全球第3名，篇均被引频次位于第8名，h指数为57（表4-6）。

表4-6　近10年全球基因编辑前十位主要研究机构

机构名称	发文量（篇）	总被引频次	篇均被引频次	h指数
加州大学系统	708	33 701	47.6	90
哈佛大学	634	62 747	98.97	118
中国科学院	512	11 946	23.33	57
霍华德·休斯医学研究所	376	35 080	93.3	94
麻省理工学院	365	44 622	122.25	95
VA波士顿医疗保健系统	340	24 024	70.66	73
美国国立卫生研究院	299	10 584	35.4	45
法国国家科学研究中心	238	5126	21.54	38
得克萨斯大学系统	224	4354	19.44	36
斯坦福大学	222	6252	28.16	43

从机构合作方面来看，形成了以哈佛大学、中国科学院、麻省理工学院、麻省总医院、法国国家科学研究中心、丹麦哥本哈根大学、加拿大多伦多大学等机构为主体的全球合作网络。图中相同的颜色代表研究机构具有相同的研究方向，可以看出全球基因编

辑领域已经形成了优势研究机构和研究团队。我国中国科学院、清华大学、四川大学等研究机构都在网络中（图4-5）。

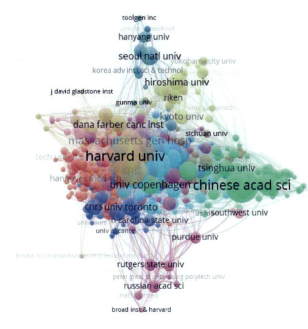

图4-5　全球基因编辑机构合作网络

4. 基因编辑主要研究作者

全球基因编辑领域发表文献量排名前10的作者如下表4-7所示，其中包括7名美国作者、2名日本作者和1名韩国作者。来自日本广岛大学的Yamamoto Takashi发文量排名第一。来自美国麻省理工学院 & 哈佛大学的张锋发文量排名第二，但总被引频次、篇均被引频次和h指数均大幅领先其他作者。

表4-7　全球基因编辑发文作者TOP10

全名	机构	发文量（篇）	总被引次数	篇均被引	h指数
Yamamoto Takashi	日本广岛大学	78	2 071	26.55	25
Zhang Feng	美国麻省理工学院 & 哈佛大学	74	24 867	336.04	51
Doudna Jennifer A	美国加州大学伯克利分校	71	13 039	183.65	46
Kim Jin-Soo	韩国首尔大学	71	5 584	78.65	35
Sakuma Tetsushi	日本广岛大学	67	1 949	29.09	24
Voytas Daniel F	美国明尼苏达大学	57	5 724	100.42	34
Joung J Keith	美国麻省总医院 & 哈佛医学院	54	11 167	206.8	35
Barrangou Rodolphe	美国北卡罗来纳州立大学	54	5 569	103.13	31
Koonin Eugene V	美国国立卫生研究院	52	5 938	115.06	28
Gregory Philip D	美国Sangamo生物技术公司	50	9 021	180.42	38

5. 基因编辑基金资助项目

在基金资助方面，资助项目最多的是美国国立卫生研究院（NIH），受其资助的文献达1801篇，其次是中国国家自然科学基金委员会（1064篇）、美国国家科学基金会（403篇）。资助数量排名前10的其他基金或机构主要来自美国、英国、中国、欧洲、日本、德国等，资助数量均为100余篇，较为接近（图4-6）。

图4-6　基因编辑领域主要基金资助

6. 基因编辑高被引文献分析

检索到的9900篇文献共被引253 932次，篇均被引25.65次。根据文献被引次数进行排名，前10篇文献全部来自美国，来自麻省理工学院＆哈佛大学的Zhang Feng（张锋）研究实力雄厚，作为通讯作者贡献了6篇，其中包括被引4908次排名第1的文献，发表于2013年的 *Science* 杂志。基因编辑领域高被引文献的研究内容主要是关于CRISPR和CRISPR-Cas9技术（表4-8）。

表4-8　高被引文献TOP 10

排名	标题	作者	期刊来源	发表时间	被引频次	国别
1	Multiplex genome engineering using CRISPR/Cas systems	Cong L，Ran FA，Cox D，等	*Science*	2013	4908	美国
2	A programmable dual-RNA-guided DNA endonuclease in adaptive bacterial immunity	Jinek M，Chylinski K 等	*Science*	2012	3836	美国
3	RNA-guided human genome engineering via Cas9	Mali P，Yang L，Esvelt KM等	*Science*	2013	3555	美国
4	Genome engineering using the CRISPR-Cas9 system	Ran FA，Hsu PD，Wright J等	*Nature Protocols*	2013	2356	美国

续表

排名	标题	作者	期刊来源	发表时间	被引频次	国别
5	One-step generation of mice carrying mutations in multiple genes by CRISPR/Cas-mediated genome Engineering	Wang H, Yang H, Shivalila CS 等	*Cell*	2013	1560	美国
6	DNA targeting specificity of RNA-guided Cas9 nucleases	Hsu PD, Scott DA, Weinstein JA 等	*Nature Biotechnology*	2013	1548	美国
7	Genome-scale CRISPR-Cas9 knockout screening in human cells	Shalem O, Sanjana NE, Hartenian E 等	*Science*	2014	1426	美国
8	Repurposing CRISPR as an RNA-Guided platform for sequence-specific control of gene expression	Qi LS, Larson MH, Gilbert LA 等	*Cell*	2013	1321	美国
9	Double nicking by RNA-Guided CRISPR Cas9 for enhanced genome editing specificity	Ran FA, Hsu PD, Lin CY 等	*Cell*	2013	1314	美国
10	Efficient genome editing in zebrafish using a CRISPR-Cas system	Hwang WY, Fu YF, Reyon D 等	*Nature Biotechnology*	2013	1277	美国

三、功能获得性研究

功能获得性研究（gain of function research，GoFR）尚未有统一定义。在微生物学领域，功能获得性研究指涉及功能获得的生命科学研究，其关注的重点在于"功能获取"。而在生物安全及伦理学领域，普遍认为GoFR应限定在病毒学研究领域，GoFR可能会生成毒性和传播能力更强的病原体而将人类置于巨大的风险之中，更关注研究结果及其对人类安全的影响。2011年12月，威斯康星·麦迪逊大学河冈义裕团队和荷兰鹿特丹伊拉斯姆大学医学中心荣·费奇领导的团队分别开展了H5N1病毒株突变的相关研究，并将研究结果发表在《细胞》等杂志上，遂将GoFR变成全球关注的焦点问题之一。

（一）主要进展

GoFR可能会引发实验室安全事故，致命性病原体逃逸可能带来全球疾病大流行，恶意行为体更有可能以此为生物武器攻击目标，这些问题引发了公众对GoFR的担忧和质疑。2014年，美国政府暂停了对涉及流感、SARS、MERS等病毒GoFR的资金资助，并要求参与此类研究的科学家主动停止实验，声称其将启动协商程序，制定新的政策法规以对两用功能获得性研究进行监管。协商过程由国家生物安全顾问委员会（NSABB）

主导，历时18个月，共召开了5次会议，重点权衡技术报告，分析此类研究的风险和收益，同时对伦理问题进行分析。美国国家科学研究委员会举办了两次研讨会，征求利益相关者的意见。基于公众对"功能获得性研究"的关注和此类实验表现出的不确定性，生命科学和生物安全领域的专家不能用近十年来形成的术语和概念去阐释其可能对社会带来的影响，更无法对类似实验进行归类，遂将"功能获得性研究"从"两用技术研究"中单分出来。在2017年1月白宫科学技术政策办公室公布的指导意见中，"功能获得"和"功能获得性研究"等争议性术语被"增强"一词所取代。2017年12月，HHS发布政策，将对涉及"增强"的潜在大流行性病原体研究实施监管。该政策对"潜在大流行性病原体"的特征进行了描述，转移了评价起点，对传统审查委员会评价结果的客观性和参考价值提出了质疑，重新权衡和界定出资方在相应事件中的责任和义务，提出伦理道德的标准要求。该指导框架与科学技术政策办公室发布的指导意见存在很大相似性。与此同时，HHS宣布，其将以上述指导框架为指导，恢复其对潜在大流行性病原体功能强化研究的资金支持。自此，GoFR成为生命科学研究及生命伦理领域的焦点问题。

1. 河冈义裕团队制造出传播能力更强的新型病毒

河冈义裕及其团队将H5N1病毒株的血凝素基因与2009年流行的H1N1病毒基因融合，生成了一种传播性更强、但致死性弱化的新型病毒。2014年河冈义裕将研究成果发表在《细胞》子刊《细胞-宿主和微生物》杂志上，称其团队在实验室中合成了一种类似于1918年流感病毒的新型流感病毒。研究人员利用泛遗传学方法，将病毒"还原"为疫情暴发前的状态，并成功辨认出能让病毒绕过免疫系统的关键。研究生成的病毒包含禽流感病毒中的8个基因片段，可在雪貂身上造成和流感类似的症状。与目前全球范围内流行的禽流感病毒不同，一旦其发生突变，便可能获得人类间传播的能力[21]。

2. 荣·费奇团队生成可以在雪貂间传播的高致病性H5N1病毒

荣·费奇研究团队建构了一种可以在雪貂间传播（雪貂是目前可获得的最好的流感传播研究模型）的高致病性H5N1病毒。2014年4月10日，荣·费奇团队在《细胞》杂志上发表文章，公布了其对H5N1病毒株进行基因重组的结果。研究人员将修改后的病毒喷入雪貂鼻内，再将该雪貂与一只健康雪貂放在同一个笼子里，结果第二只雪貂也感染上了该病毒。研究人员在多次试验之后确定，经5次突变，H5N1病毒就能具备经空气在雪貂间传播的特性。文章公布了5个突变位点的位置和作用，其中2个突变可提高病毒与哺乳动物上呼吸道细胞结合的概率，2个突变能使病毒有效复制，1个突变能强化病毒的稳定性。

3. 陈化兰团队生成可在豚鼠间经呼吸道飞沫传播的H5N1融合病毒

2013年5月，美国《科学》杂志网络版刊发了中国哈尔滨兽医研究所张莹（第一作者）和陈化兰（通讯作者）共同发表的文章《含有H1N1甲流病毒基因的H5N1融合病毒在豚鼠间经呼吸道飞沫传播》。文章称，在保留H5N1病毒HA基因的前提下，人工构

21　Watanbe T，Zhong G，Russel C，et al. Circulating avian influenza viruses closely related to the 1918 virus have pandemic potential. Cell Host Microbe，2014，15（6）：692-705.

建了含有1 ～ 7个甲型H1N1流感病毒基因的所有127种可能的重配病毒。研究人员利用豚鼠测试了这127种重配病毒的致病能力和经呼吸道传播的能力，结果显示其中2/3以上对豚鼠高度致死，8种病毒能经呼吸道传播，4种病毒经空气传播的能力很强。研究表明，H5N1病毒有可能通过与人流感病毒（甲型H1N1流感病毒）的基因重配获得在哺乳动物之间经空气高效传播的能力[22]。

4. 石正丽团队生成可在蝙蝠和人类之间传播的嵌合病毒"SHCO14-CoV"

2015年11月，《自然・医学》杂志刊发中美两国科学家联合撰写的论文，称其制造出了一种嵌合的蝙蝠冠状病毒。2003年，中国科学院武汉病毒所研究员石正丽等科研人员从中华菊头蝙蝠体内成功分离到一株SARS样冠状病毒（SARS-like CoV），该病毒与SARS病毒高度同源，被称为SHCO14。在论文涉及的相关研究中，团队人员利用SHCO14病毒的表面蛋白和SARS病毒的骨架蛋白创建了一种嵌合病毒"SHCO14-CoV"，研究表明，该病毒可在蝙蝠和人类之间传播，目前尚无有效药物可以控制和治疗。

5. 日本研究人员发现HPAI H7N9病毒引入神经氨酸苷酶抑制剂后可生成两种变体

2017年11月，由日本医学研究与发展机构（AMED）、日本文部科学省及美国国立过敏与传染病研究所等机构联合资助的跨国合作研究发现，从人感染死亡病例中分离的一株HPAI H7N9病毒，对其引入神经氨酸苷酶抑制剂（neuraminidase inhibitor，NAI）的敏感性或抗性的突变，可创造出两种变体。将这3株HPAI H7N9病毒与先前描述的LPAI H7N9病毒比较，发现HPAI H7N9病毒在人类呼吸道上皮细胞和小鼠、雪貂及非灵长类动物中均能有效复制。与LPAI H7N9病毒相比，HPAI H7N9病毒在小鼠和雪貂中更易致病，且3种HPAI病毒在雪貂大脑中表现出更强的复制能力，并引起致命感染。此外，所有测试的病毒都能通过呼吸飞沫在雪貂间传播。

6. 美国研究人员发现K193T可增强雪貂间传播的H5N1流感病毒结合人类受体的能力

2018年2月，美国加州拉霍亚市斯克里普斯研究所分子医学系彭文杰（Wenjie Peng）和金波曼（Kim M. Bouwman）等研究人员在《病毒学杂志》发表文章《K193T可增强雪貂间传播的H5N1流感病毒结合人类受体的能力》。研究发现，H5N1流感病毒经某些突变后对人类受体具有特异性，且在雪貂间经飞沫传播的能力增强。研究人员发现，上述变体保留了与禽型受体结合的能力，但相较于人类H1N1和H3N2，其在与人类受体结合方面表现出了明显差异。研究发现，人类流感病毒会优先与α2-6唾液酸化支链N-连接聚糖结合，每条支链上的唾液酸均能与同一血凝素的两个受体位点结合。在这种模式下，聚糖能在受体结合袋顶部展开190多个螺旋结构，致使H5N1病毒在193位点发生硬脂酸和赖氨酸的结合。实验证明，K193T突变的确能增强病毒经飞沫传播的能力，α2-6唾液酸N-连接聚糖具有被人流感病毒识别的明确特性，其与人呼吸道上皮细胞的结合能力被强化[23]。

22　夏晓东，王磊. 全球生物安全发展报告（2016年度）. 北京：军事医学出版社，2017：38.

23　Peng W，Bouwman K M，McBride R，et al. Enhanced human-type receptor binding by ferret-transmissible H5N1 with a K193T mutation. J Virol，2018，92（10）：pii: e02016-17.

7. 其他成果

约翰·霍兰德此前在小儿麻痹症方面进行的探索研究发现当化学突变与快速进化的RNA病毒（如脊髓灰质炎病毒）结合在一起时，病毒的适应性就会下降。北卡罗来纳大学的拉尔夫·巴里克（Ralph Baric）博士表示GoFR研究的实验包含了一系列非常多样化的实验，这些实验对疫苗和疗法的发展至关重要。巴里克列出了重要的实验，以确定发病机制和毒性的决定因素，定义了病毒-宿主相互作用网络，并描述了调节易感性的等位基因和驱动致病或保护性的宿主反应模式。

（二）文献计量分析

以美国科学情报研究所Web of Science文献数据平台SCI核心数据库为数据来源，于2019年3月6日以"gain of function"AND"potential pandemic pathogen*"OR"influenza"OR"MERS"OR"SARS"为检索词，进行主题检索，时间范围为2009年至2018年，共检索出48篇相关文献，经过数据分析，展示GoFR研究主要优势国家、优势机构和科学家。

1. 功能获得性研究发展趋势

从年度分布情况来看，近十年有关功能获得性研究的发文量呈波动状态，2008—2015年呈递增趋势，2015年发文量最多，为10篇，2016～2018年回落（图4-7）。

图4-7　2009～2018年全球功能获得性研究领域文献发展趋势

2. 功能获得性研究主要国家

美国在功能获得性研究文献发表方面位居首位，占全部发表文献的77.083%，其他国家主要有德国、法国、日本、澳大利亚及加拿大。从发文质量上看，美国总被引频次和h指数都居于首位，h指数达到12。加拿大发表文献数量不多，但篇均被引频次最高（表4-9）。

表4-9　全球功能获得性研究优势国家发文情况

国家	发文量（篇）	占总数百分比（%）	总被引频次	篇均被引频次	h指数
美国	37	77.083	504	13.62	12
德国	6	12.500	92	15.33	4
法国	5	10.417	85	17	4
日本	4	8.333	80	20	3
澳大利亚	3	6.250	19	6.33	2
加拿大	3	6.250	97	32.33	3
英国	2	4.167	14	7	1

3. 功能获得性研究领先研究机构

全球功能获得性研究领先研究机构有密歇根大学系统、阿尔伯特·爱因斯坦医学院、哈佛大学、西奈山伊坎医学院、加利福尼亚大学系统、耶什华大学、巴黎巴斯德研究所等机构（表4-10）。西奈山伊坎医学院篇均被引频次和h指数都领先于其他机构，发文质量较高。

表4-10　近10年全球功能获得性研究前十位主要研究机构

机构名称	发文量（篇）	总被引频次	篇均被引频次	h指数
密歇根大学系统	6	61	10.17	3
阿尔伯特·爱因斯坦医学院	4	42	10.5	3
哈佛大学	4	30	7.5	3
西奈山伊坎医学院	4	241	60.25	4
加利福尼亚大学系统	4	22	5.5	3
耶什华大学	4	42	10.5	3
巴黎巴斯德研究所	18	50	16.67	3
宾夕法尼亚联邦高等教育系统	3	9	3	2
匹兹堡大学	3	9	3	2
马里兰大学系统	3	141	47	3

4. 功能获得性研究文献主要研究作者

全球功能获得性研究领域发文前5的作者如表4-11所示，主要为来自约翰·霍普金斯公共卫生学院的A.Casadevall、密歇根大学的M.J.Imperiale，西奈山伊坎医学院的A.Garcia-Sastre、哈佛大学的M.Lipsitch，渥太华大学的E.G.Brown。发文数量前五的作者主要来自美国、英国和加拿大。

表4-11 全球功能获得性研究发文作者TOP5

全名	机构	发文量（篇）	总被引频次	篇均被引频次	h指数
Casadevall A	约翰·霍普金斯公共卫生学院	6	47	7.83	3
Imperiale M J	密歇根大学	6	61	10.17	3
Garcia-Sastre A	西奈山伊坎医学院	3	179	59.67	3
Lipsitch M	哈佛大学陈曾熙公共卫生学院	4	31	7.75	3
Brown E G	渥太华大学	2	93	46.5	2

5. 功能获得性研究基金资助项目

在基金资助方面，资助项目最多的是美国国立卫生研究院，资助项目为5项，其次是加拿大卫生研究院、法国国家罕见病研究基金会等机构（图4-8）。

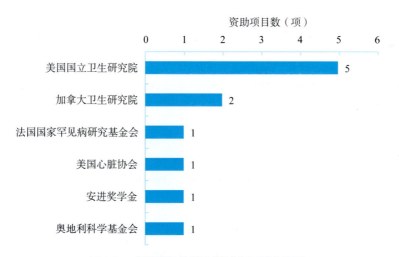

图4-8 功能获得性研究领域主要基金资助

6. 功能获得性研究高被引文献分析

48篇功能获得性研究文献一共被引714次，篇均被引频次为14.88。高被引文献主要研究内容包括2009年H1N1疫情中甲型流感病毒NS1蛋白对宿主基因表达的低效控制、流感病毒非结构基因的适应性突变与宿主转换、甲型流感病毒的传播、降低功能获得性研究的风险等。该领域高被引文献前10中，7篇高被引文献来自美国，2篇来自英国，1篇来自丹麦（表4-12）。

表4-12　高被引文献TOP10

排名	标题	作者	期刊来源	发表时间	被引频次	国别
1	Inefficient control of host gene expression by the 2009 pandemic H1N1 influenza A virus NS1 protein	Hale BG，Steel J，Medina RA等	*Journal of Virology*	2010	92	美国
2	Budding capability of the influenza virus neuraminidase can be modulated by tetherin	Yondola MA，Fernandes F，Belicha-Villanueva A等	*Journal of Virology*	2011	63	美国
3	Adaptive mutation in influenza A virus non-structural gene is linked to host switching and induces a novel protein by alternative splicing	Selman M；Dankar SK	*Proceedings of the National Emerging Microbes & Infections*	2012	60	加拿大
4	Transmission of influenza A viruses	Neumann G，Kawaoka Y	*Virology*	2015	54	美国
5	MicroRNA-based strategy to mitigate the risk of gain-of-function influenza studies	Langlois RA，Albrecht RA	*Nature Biotechnology*	2013	44	美国
6	ISG15 deficiency and increased viral resistance in humans but not mice	Bogunovic D	*Nature Communications*	2016	43	美国
7	Multifunctional adaptive NS1 mutations are selected upon human influenza virus evolution in the mouse	Forbes NE，Ping JH	*Plos One*	2012	33	加拿大
8	The microbial metabolite desaminotyrosine protects from influenza through type I interferon	Steed AL，Stappenbeck TS	*Science*	2017	32	美国
9	Risks and benefits of gain-of-function experiments with pathogens of pandemic potential，such as influenza virus：a call for a science-based discussion	Casadevall A，Imperiale MJ	*mBio*	2014	32	美国
10	Urinary serine proteases and activation of ENaC in kidney-implications for physiological renal salt handling and hypertensive disorders with albuminuria	Svenningsen P，Andersen H	*Pflugers Archiv-European Journal of Physiology*	2015	29	丹麦

四、基因驱动

基因驱动（gene drive）最早在2003年由伦敦帝国理工学院进化遗传学家Austin Burt提出，指的是特定基因有偏向性地遗传给下一代的一种现象。基因驱动在理论上可将这些人为改造的基因散播到野生群体中，而这些改造包括基因的增添、破坏或者修饰，以及减弱个体的生育能力从而可能导致整个物种的毁灭。借助被誉为"基因剪刀"的CRISPR基因编辑技术，科学家研发出人工"基因驱动"系统，并在酵母、果蝇和蚊子中证实可实现外部引入的基因多代遗传，可以在传染病防控方面发挥作用，成为生物学界的热门研究领域之一。

（一）主要进展

基因驱动主要在濒危动物保护、传染病防控、生态修复、农业保护等方面取得了较大进展。人工改造的基因驱动有潜力将所需的基因在野生种群中扩散，或者抑制有害的生物物种。因有潜力控制诸如携带寨卡病毒、疟原虫和登革热病毒的蚊子之类的有机体，最近获得了人们的大量关注。

1. 基因驱动技术控制疟疾传播

作为一种可以修饰DNA遗传的方法，基因驱动可以使蚊子的遗传物质发生改变，最后甚至导致其数量骤减。科学家正在使用该方法来降低疟疾的传播率，以保护非洲儿童免受疟疾侵袭。2017年，研究人员已对多个种类的疟蚊进行了基因组测序，包括造成了非洲所有地方疟疾传播的疟蚊。希望通过基因改造整个蚊子种群来保护非洲儿童免受疟疾侵袭。来自亚利桑那州大学的进化生态学家在美国科学促进会年度会议（AAAS）上做了关于基因驱动消除疟疾的专访。基于基因组编辑技术CRISPR的进步，"基因驱动"在抗寄生虫领域也得到了重要运用。研究人员希望可以利用基因驱动将基因修改在蚊子种群中传播开来。如果成功，该策略将最终灭绝疟疾这种在世界上持续时间最久、对人类危害最大的传染病[24]。

2. 美国密歇根州立大学灵长类动物基因编辑试验首获成功

2017年4月，美国密歇根州立大学等机构的研究人员通过研究首次利用CRISPR/Cas9基因编辑技术对猕猴胚胎进行了编辑，这也是在美国进行的首个非人灵长类动物的基因编辑。研究人员表示，利用非人灵长类胚胎进行研究非常重要，因为其非常接近于人类的机体状况，这就能够更好地帮助开发更好的疗法，并且有效抑制临床试验中可能出现的一些额外风险。

3. 科学家研发一种能分泌可灭蚊毒素的转基因真菌

2017年6月13日，美国马里兰大学科学家对一种真菌进行基因改造，使其分泌蝎子毒素和蜘蛛毒素，可有效杀灭传播疟疾的蚊子，但对人体和自然环境无害，这有望成为一种安全有效的生物控虫手段。为确保安全，研究人员进行转基因操作时加入了一段特殊的DNA代码，它能起到开关的作用，使毒素基因只有在蚊子血液中才被激活，避

24　方陵生，托尼·诺兰，安德里亚·克里桑蒂. 以基因驱动技术控制疟疾传播. 世界科学，2017，（2）：5-7.

免毒素进入自然环境。

4. 美环保署首次批准孟山都 RNA 干扰（RNAi）技术作为杀虫剂使用

2017年6月15日，美国环境保护署批准了第一个以RNAi技术为基础的DvSnf7双链RNA杀虫剂。DvSnf7双链RNA（dsRNA）是一种特殊的杀虫剂。当玉米根虫开始取食植物时，这种植物自己产生的DvSnf7双链RNA能够干扰玉米根虫一个重要的基因，进而杀死害虫。

5. 谷歌母公司 Alphabet 子公司将释放基因改造蚊子

2017年7月15日，谷歌母公司Alphabet旗下生命科学子公司Verily酝酿向美国加州弗雷斯诺地区释放大约2000万只改造蚊子。这些蚊子都在实验室中被细菌感染，可以帮助消除寨卡病毒感染。Verily的计划名为Debug Project，希望能够消灭这种可能携带病毒的蚊子种群，以防止进一步感染。Verily使雄性蚊子感染沃尔巴克氏菌，这种细菌对人体无害，但是当它们与雌蚊交配时，就会感染对方，导致它们的卵无法产生后代。Verily计划在弗雷斯诺地区120公顷[25]的社区中每周释放约100万只改造蚊子，连续释放20周。这是迄今为止，美国释放感染沃尔巴克氏菌蚊子数量最多的一次。

6. DARPA 资助基因驱动研究

2017年7月19日，DARPA再次宣布向7个研究团队提供总额为6500万美元的资助，资助的两大研究方向为：基因驱动和遗传修复技术、基因编辑在哺乳动物体内的治疗应用。这7个研究团队分别来自麻省理工学院与哈佛大学共建的Broad研究所（针对开启或关闭细菌、哺乳动物和昆虫中的基因组编辑开发新手段）、哈佛医学院（研发可以逆转并保护突变基因组的系统）、麻省总医院（开发新的、高度敏感的控制和测量目标基因编辑活动并限制脱靶的基因驱动系统）、麻省理工学院（建立模块化平台，在安全、高效、可逆的范围内研究编辑生物体亚群）、北卡罗来纳州立大学（开发啮齿动物，测试哺乳动物基因驱动系统）、加州大学伯克利分校（针对寨卡和埃博拉病毒开发用作抗病毒药物动物模型的安全基因编辑工具）和加州大学河滨分校（制定控制埃及伊蚊数量的可逆的基因驱动系统）。

7. 国际原子能机构推动基因驱动成果应用

2017年9月25日，联合国国际原子能机构（IAEA）开设了一个新的实验室，帮助各成员国利用核技术打击有害昆虫，如蚊子和果蝇。现代虫害防治实验室（IPCL）将提高原子能机构协助成员国应用无菌昆虫技术（SIT）的能力，以打击传播疾病和损害作物的害虫。作为昆虫绝后形式之一的环保型SIT，其使用辐射消毒大量饲养的雄性昆虫，并在目标区域将其释放以与野生雌性交配。由于不生产任何后代，此有害生物种群将随着时间的推移而减少。新实验室将促进研究不同昆虫的应用技术，包括传播疟疾、寨卡等疾病的蚊子。2018年4月20日，IAEA成功地在巴西利用无人机释放了无菌蚊子，旨在控制当地蚊子种群，进而遏制寨卡等蚊媒疾病传播。粮农组织/国际原子能机构昆虫学家Jeremy Bouyer表示，蚊子释放机制一直是应用SIT控制人类疾病的瓶颈。无人机的使用是一项重大突破，为大规模、高成本效益的蚊子释放工作铺平了道路。

25　1公顷＝10 000平方米.

8. 美国环保署正式批准沃尔巴克氏菌转基因蚊子投放用于防御登革热

2017年11月6日，《自然》报道，美国环境保护署11月3日已经正式批准，向环境投放实验室培育的转基因蚊子ZAP，后者借助沃尔巴克氏菌杀灭传播登革热、黄热病等传染病的野生白纹伊蚊（*Aedes albopictus*）。美国环境保护署同时要求，该产品只能向美国20个州以及华盛顿特区投放。

9. 英国科学家首次用"基因驱动"技术在实验室中灭绝疟蚊

2018年9月24日，英国帝国理工学院研究人员首次成功使用"基因驱动"技术在实验室内灭绝一种疟蚊。相关研究成果发表在英国《自然·生物技术》杂志上，研究人员以疟疾的主要传播者冈比亚按蚊为研究对象，使用"基因驱动"技术，改变雌蚊的双性基因，使雌蚊无法产卵。这一技术改变的基因可以多代遗传，经7～11代，这些蚊子由于缺少雌性而无法繁衍。主导这项研究的英国帝国理工学院生命科学院教授安德烈·克里桑蒂指出，多个世纪以来，疟疾祸害人类，"这一突破显示，'基因驱动'能发挥作用"，为抗击疟疾带来希望，但仍有更多工作需要完成，至少需要5～10年才会考虑在野外测试"基因驱动"蚊子。

基因驱动技术不断发展，但是开发基于CRISPR的基因驱动系统，并在实验室中开展这种基因驱动实验时，应当慎之又慎[26]。科学家利用CRISPR/Cas9基因编辑系统的优势，开展基因驱动动物实验，并验证了系统的有效性。有科学家呼吁暂停所有这方面的研究直到出台严格的全球监管措施[27]。2016年12月召开的联合国生物多样性会议拒绝了环保主义者提出的暂停基因驱动研究的呼吁，不过同时要求在野外实验中要审慎采用合成生物产品（包括基因驱动产品），要对产品的潜在效应进行风险评估[28]。

（二）文献计量分析

以美国科学情报研究所Web of Science文献数据平台SCI核心数据库为数据来源，于2019年1月6日以"gene driv*"为检索词，进行主题检索，时间范围为2009至2018年，共检索出816篇相关文献，经过数据清洗之后综合应用Pajek、VOSviewer、Bibexcel相关软件进行文献可视化分析，展示全球基因驱动领域研究主要优势国家、优势机构和科学家，以及研究热点和前沿。

1. 基因驱动研究发展趋势

近十年来，全球基因驱动研究总发文量816篇，整体文献量不多，2017年和2018年来发表文献量有所增加，达到百篇以上，处于增长趋势（图4-9）。

26　Akbari O S, Bellen H J, Bier E, et al. Safeguarding gene drive experiments in the laboratory: multiple strategies are needed to ensure safe gene drive experiments. Science, 2015, 349（6251）: 927-929.

27　Kaebnick G E, Heitman E, Collins J P, et al. Precaution and governance of emerging technologies. Science, 2017, 354（6313）: 710-711.

28　郗永义. 基因驱动研究进展. 中国畜牧兽医学会动物传染病学分会、解放军军事科学院军事医学研究院. 中国畜牧兽医学会动物传染病学分会第九次全国会员代表大会暨第十七次全国学术研讨会论文集. 中国畜牧兽医学会动物传染病学分会、解放军军事科学院军事医学研究院，2017: 1.

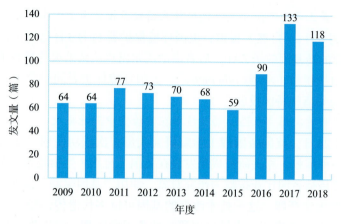

图4-9　2009 ～ 2018年全球基因驱动领域文献研究趋势

2. 基因驱动研究主要国家

美国在基因驱动研究文献发表方面居首位，占全部发表文献的40%以上，我国位于第二位，其他国家主要有英国、日本、德国、法国、印度、澳大利亚、意大利、加拿大。从发文质量上看，美国总被引频次和h指数都位于首位，h指数达到38。意大利发表文献数量不多，但篇均被引频次最高（表4-13）。

表4-13　全球基因驱动优势国家发文情况

国家	发文量（篇）	占总数百分比（%）	总被引频次	篇均被引频次	h指数
美国	342	41.91	6715	19.63	38
中国	169	20.71	2013	11.91	21
英国	82	10.05	1672	20.39	22
日本	66	8.09	1079	16.35	19
德国	44	5.39	907	20.61	16
法国	39	4.78	796	20.41	16
印度	39	4.78	430	11.03	12
澳大利亚	36	4.41	432	12	12
意大利	27	3.31	1204	44.59	14
加拿大	24	2.94	419	17.46	8

3. 基因驱动领先研究机构

全球基因驱动领先研究机构有加州大学系统、伦敦帝国学院、北卡罗来纳大学、哈佛大学、中国科学院、美国国立卫生研究院、牛津大学、得克萨斯大学系统、加州理工学院、法国国家科学研究中心等（表4-14）。从机构发文量和质量看出，加州大学系统篇均被引频次和h指数都领先于其他机构。中国科学院排名第五位，h指数为10。

表4-14　近10年全球基因驱动前十位主要研究机构

机构名称	发文量（篇）	总被引频次	篇均被引频次	h指数
加州大学系统	54	1895	35.09	17
伦敦帝国学院	36	818	22.72	13
北卡罗来纳大学	24	417	17.38	9
哈佛大学	22	757	34.41	12
中国科学院	21	188	8.95	10
美国国立卫生研究院	21	281	13.38	10
牛津大学	18	303	16.83	9
得克萨斯大学系统	17	307	18.06	9
加州理工学院	16	229	14.31	10
法国国家科学研究中心	16	258	16.13	8

　　从机构合作方面来看，形成了以加州大学系统、伦敦帝国学院、哈佛大学、中国科学院、伦敦大学、法国国家科学研究中心等机构为主体的全球合作网络。图中相同的颜色代表研究机构具有相同的研究方向，可以看出全球基因驱动形成了优势研究机构和研究团队，我国中国科学院、上海交通大学、中国农业大学、复旦大学等机构均在网络中（图4-10）。

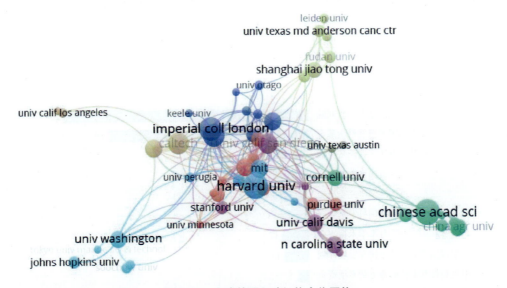

图4-10　全球基因驱动机构合作网络

4.基因驱动主要研究作者

　　全球基因驱动领域主要科学家发文前10的作者如下表所示（表4-15），主要来自伦敦帝国学院的A.Burt、A.Crisanti，加州大学系统的J. M.Marshall、O. S.Akbari、A.

A.James，北卡罗来纳大学的F.Gould、A. L.Lloyd，加州理工学院的B. A.Hay，麻省理工学院K. M.Esvelt，得克萨斯农工大学Z. N.Adelman。发文数量前10的作者主要来自美国和英国。

表4-15　全球基因驱动发文作者TOP10

全名	机构	发文量（篇）	总被引频次	篇均被引频次	h指数
Burt A	伦敦帝国学院	17	632	37.18	9
Marshall J M	加州大学伯克利分校	16	215	13.44	8
Akbari O S	加州大学河滨分校	15	335	22.33	8
Hay B A	加州理工学院	13	217	16.69	9
Esvelt K M	麻省理工学院	12	402	33.5	6
Crisanti A	伦敦帝国学院	9	478	53.11	5
Gould F	北卡罗来纳大学	9	167	18.56	7
James A A	加州大学欧文分校	8	352	44	5
Lloyd A L	北卡罗来纳大学	8	137	17.13	6
Adelman Z N	得克萨斯农工大学	6	118	19.67	4

5. 基因驱动基金资助项目

在基金资助方面，资助项目最多的是美国国立卫生研究院（NIH），资助项目达109项，其次是中国国家自然科学基金委员会、比尔及梅琳达·盖茨基金会、英国惠康基金会、英国医学研究委员会及英国生物技术与生物科学研究理事会、德国科学基金会、日本学术振兴会、中国国家重点基础研究发展计划（973计划）、中央高校基本科研业务费专项资金等（图4-11）。

图4-11　基因驱动领域主要基金资助

6.基因驱动高被引文献分析

816篇基因驱动文献共被引12 183次，篇均被引频次为14.93。高被引文献的主要研究内容包括疟疾蚊媒冈比亚按蚊雌性繁殖的CRISPR-Cas9基因驱动系统研究、高效Cas9基因驱动对疟疾媒介蚊斯蒂芬斯的改造、关于RNA引导的基因驱动改变野生种群、CRISPR技术在研究和其他领域的应用、蚊子的遗传控制等。该领域高被引文献前10中，5篇高被引文献来自美国，3篇来自英国，1篇来自日本，1篇来自奥地利（表4-16）。

表4-16　高被引文献TOP10

排名	标题	作者	期刊来源	发表时间	被引频次	国别
1	Bias in plant gene content following different sorts of duplication：tandem，whole-genome，segmental，or by transposition	Freeling M	*Annual Review of Plant Biology*	2009	354	美国
2	A CRISPR-Cas9 gene drive system-targeting female reproduction in the malaria mosquito vector *Anopheles gambiae*	Hammond A；Galizi R；Kyrou K	*Nature Biotechnology*	2016	236	英国
3	Highly efficient Cas9-mediated gene drive for population modification of the malaria vector mosquito *Anopheles stephensi*	Gantz VM；Jasinskiene N；Tatarenkova O	*Proceedings of the National Academy of Sciences of the United States of America*	2015	222	美国
4	Concerning RNA-guided gene drives for the alteration of wild populations	Esvelt KM；Smidler A L；Catteruccia F	*ELIFE*	2014	204	美国
5	Applications of CRISPR technologies in research and beyond	Barrangou R；Doudna J A	*Nature Biotechnology*	2016	164	美国
6	Analysis of transduction efficiency，tropism and axonal transport of AAV serotypes 1，2，5，6，8 and 9 in the mouse brain	Aschauer D F；Kreuz S；Rumpel S	*PLOS ONE*	2013	156	奥地利
7	Activating mutations in the NT5C2 nucleotidase gene drive chemotherapy resistance in relapsed ALL	Tzoneva G；Perez-Garcia A；Carpenter Z	*Nature Medicine*	2013	155	美国

续表

排名	标题	作者	期刊来源	发表时间	被引频次	国别
8	A synthetic homing endonuclease-based gene drive system in the human malaria mosquito	Windbichler N；Menichelli M；Papathanos P A 等	*Nature*	2011	154	英国
9	Skin-specific expression of IL-33 activates group 2 innate lymphoid cells and elicits atopic dermatitis-like inflammation in mice	Imai Y；Yasuda K；Sakaguchi Y 等	*Proceedings of the National Academy of Sciences of the United States of America*	2013	152	日本
10	Genetic control of mosquitoes	Alphey L	*Annual Review of Entomology*	2014	130	英国

（军事科学院军事医学研究院   刘　伟　周　巍　蒋丽勇　高云华）

2

第二篇

专题分析报告

第五章

美国《国家安全战略》中生物安全内容解析

2017 年 12 月 18 日，美国总统特朗普发布了他上任后的首份《国家安全战略》（*National Security Strategy*）（以下简称《战略》），从保护美国、促进美国经济繁荣、通过实力维持和平、提升美国的影响力、地区战略五个方面，全面阐述了其关于国家安全的政策立场[1]。生物安全作为国家安全的重要组成部分，也得到了重点布局。

一、《战略》的主要内容

《战略》全文共 68 页，正文分为五大部分，前四个部分分别阐述了美国国家安全的四大支柱，第五部分为地区战略。

《战略》充分体现了特朗普提出的"美国优先"原则，将保护美国人民、国土和美国生活方式作为国家安全的第一支柱，并具体阐述了美国需要在抵御大规模杀伤性武器、对抗生物武器与流行病、加强边境管控等方面采取应对措施。《战略》认为，拥有强大的经济才能保护美国人民，把重振美国经济实力、促进美国繁荣作为国家安全的第二支柱。《战略》提出，军队保持卓越才能慑退敌人，将重塑美国军事力量、以实力维持和平作为国家安全的第三支柱。《战略》在将"美国优先"作为其外交政策主张的同时，认为盟国和伙伴是美国的强大助力，强调美国将在多边机制中参与竞争并起领导作用，把提升美国的影响力作为国家安全的第四支柱。

《战略》提出了美国必须针对世界不同地区调整方针，并将全球划分为印太、欧洲、中东、中亚与南亚、西半球、非洲六个地区，从政治、经济、军事与安全三个方面论述了美国在各地区将采取的不同方针策略。《战略》仍秉持冷战思维，将中国和俄罗斯视为威胁美国的竞争对手，针对印太地区，公开提出了美国将加强与日本、澳大利亚和印度的四边合作，形成区域防御能力。

二、《战略》中生物安全内容简析

《战略》高度重视生物安全问题，将"抵御大规模杀伤性武器"和"对抗生物武器与流行病"作为国家安全第一支柱的前两项内容，提出要从检测、防扩散、支持生物

1　National Security Strategy of the United States of America. DECEMBE R 2017.
https://www.whitehouse.gov/wp-content/uploads/2017/12/NSS-Final-12-18-2017-0905-2.pdf

医药创新、提高应急响应速度等方面采取积极措施，切断威胁之源，确保美国人民的安全。

（一）强调生物安全挑战

《国家安全战略》是美国国家战略的顶层文件，是美国政府表明其国家安全关注、世界秩序主张、军事与外交方略的宣言书。《战略》将包括生物武器在内的大规模杀伤性武器列为首要威胁，并格外强调了生物武器和传染病可能会给国家安全带来灾难性损失。而在2015年版《战略》中，强调的是恐怖主义、大规模杀伤性武器扩散、气候变化等"多样化挑战"。这种排序上的改变，显示出特朗普政府对安全威胁的新认知，即更加重视传统军事安全，并将生物安全问题的重要性提升到了前所未有的高度。

（二）兼顾传统与非传统生物安全问题

《战略》判断，美国面临的生物威胁，既有传统生物武器，也有突发疫情、两用技术等非传统生物威胁。一是明确提出来自国家的生物武器威胁仍然存在。《战略》指出，一些国家可能仍在研发生物武器，特别是孤注一掷的国家行为体可能开发出先进生物武器，如朝鲜在发展可以利用导弹发射的化学武器和生物武器。二是提出自然或人为传染病疫情将对国家安全造成严重影响。《战略》指出，自然发生疫情（如埃博拉和SARS疫情）及2001年美国炭疽袭击事件，充分证明了生物威胁对国家安全的巨大影响，不仅造成生命与经济损失，甚至导致人们对政府失去信心。三是明确强调生命科学技术发展可能带来的潜在威胁。《战略》指出，生命科学的进步使美国的国民健康、经济和社会从中获益，但也给蓄意破坏者开辟了新途径。

（三）打造应对全谱生物威胁综合体系

《战略》从以下几个方面简要勾勒了国家应对全谱生物威胁的综合体系构想。一是从源头上遏止生物威胁。《战略》强调早期监测检测能力，如在边境和领土范围内加强对核化生放威胁检测，消除并防止大规模杀伤性武器及相关材料和运载系统技术和知识的进一步扩散，与其他国家合作及早发现并减轻疫情以防止大规模暴发。二是扶持生物医药创新和新兴技术。《战略》提出进一步支持生物医药创新，强调知识产权制度是生物医学产业的基础，通过加大知识产权保护力度推动生物医学进步，还点名了基因编辑等需要优先发展的对经济增长和安全至关重要的新兴技术。三是提高应急响应速度。《战略》提出将加强应急响应和统筹协调系统，迅速确定疫情特征，实施公共卫生措施以遏制疾病的传播，提供紧急医疗服务。

（军事科学院军事医学研究院　王　磊　张　宏　刘　术　陈　婷）

第六章
美国《国家生物防御战略》解读

2018年9月18日，美国发布特朗普政府首份《国家生物防御战略》(National Biodefense Strategy)（以下简称《战略》）。特朗普总统同日签署《国家安全总统备忘录》，就《战略》实施提出要求，提供指导。现就该《战略》的主要内容和特点进行简要介绍与分析。

一、《战略》的主要内容

《战略》共30页，由美国国防部、卫生与公众服务部、国土安全部和农业部共同起草，系统阐述了生物安全总体形势，明确了生物防御目标和路径，提出构建更加协调、高效和负责任的生物防御体系。《战略》提出建立一个分层的风险管理方法来应对生物威胁，并确立了以下5个目标。

（一）通过加强风险意识促进生物防御团体的决策

美国将在战略和战术层面建立风险意识，评估风险，协调国内和国际监测与信息共享体系，及时应对生物威胁；加强情报信息分析，提高生物事件风险和影响的建模和预测能力；评估蓄意、偶然和自然发生的生物事件风险；加强生物监测系统整合评估，改进信息共享，加强生物监测实验室网络运行。

（二）确保生物防御团体有能力防范生物事件

美国将采取措施预防和减少自然发生疾病的暴发和传播；加强全球卫生安全应对能力，防止地区性生物事件发展为流行病。根据美国政府应对大规模杀伤性武器恐怖主义的方法，美国还将加强生物安保，防止国家和非国家行为体企图寻求、获取或使用生物武器、相关材料或其运载工具。美国力求在促进和加强合法使用和创新科学技术的同时防止其滥用。同时，加强生物安全和生物安保的实践和监督，以降低生物事故的风险。

（三）确保生物防御团体做好准备应对生物事件

美国将采取措施减少生物事故的影响，包括加强美国在新兴技术领域的投资和领导；具备强大的公共卫生和兽医基础设施；开发、更新和检验响应能力，建立风险沟通机制，加强和有效地实施医疗应对措施，以及开展国内和国际合作支持生物防御。

（四）迅速响应以降低生物事件的影响

美国将汇总和分享生物威胁和生物事件信息，通过实时信息共享，增强态势感知；协调开展响应行动和活动，遏制、控制和减轻生物威胁或生物事件影响；开展行动调查及有效的公共信息传递，为各级政府和非政府机构决策提供支撑，降低生物事件的影响。

（五）促进生物事件后社会、经济和环境的恢复能力

美国将采取行动提高恢复关键基础设施服务的能力，协调联邦政府、州各级政府、国际和非政府组织的恢复行动，实现高效的恢复行动；提供恢复支持并开展长期应对措施，最大限度地减少国际生物事件对全球经济、健康和安全造成的影响。

二、《战略》的特点分析

《战略》是对美国在生物安全领域系列政策文件的系统总结与完善，标志着美国对生物安全的重视程度提升到新的水平。与以往其他相关战略文件相比，特别是与上一版的《应对生物威胁国家战略》（2009 年）相比，主要特点表现在以下几个方面。

（一）更加强调防御全谱生物威胁

全球近年暴发了多次重大传染病疫情，包括严重急性呼吸综合征（SARS）、大流行性流感、埃博拉病毒病和寨卡病毒病等。《战略》阐述了美国对生物威胁的判断，认为人、动物、植物和环境的健康相互关联，至少75%的对人类健康构成威胁的传染病来自动物，而且动植物遭受生物威胁会造成经济破坏，对人体健康和福祉形成伤害。美国不仅将蓄意的生物威胁纳入生物防御范畴，也将自然发生和意外暴发的生物威胁纳入生物防御范畴。美国认为，美国生物防御各相关方需要能够灵活应对新出现的传染病威胁、生物技术快速发展带来的风险以及恐怖组织或敌对力量使用生物武器的挑战，这将使美国政府能够充分利用、整合和协调生物防御相关机构，确保高效利用所有生物防御资源。

（二）重视情报在决策中的地位

《战略》特别强调加强情报信息搜集、监测预警和风险评估，为生物防御决策提供支持。在5个目标的具体描述中均涉及情报相关内容，具体包括：加强信息共享和公开；提高对生物事件的发生风险和影响进行建模和预测的能力，评估国际蓄意、偶然和自然发生的生物事件的风险；利用风险评估和情报分析，开展针对人类和动物的医疗对策研究；应用情报、外交、医疗能力数据及建模能力，在响应期间保持态势感知并支持跨部门及国家和国际组织间的决策制定等。国家情报总监办公室作为参与单位之一，与其他15家单位共同负责《战略》的审查和定稿，该办公室成立于2004年，直接归总统指挥管理。此外，美军还在国防后勤局下设有国家医学情报中心（前身是武装部队医学情报中心），搜集全球的医学情报，包括生物安全方面的情报，为美国国家和军队的生

物防御决策服务。

（三）弱化《禁止生物武器公约》的作用

《禁止生物武器公约》（以下简称《公约》）于1975年正式生效，目前共有181个缔约国，是国际生物军控多边进程的核心。美国在2009年《应对生物威胁国家战略》中，以"重振《禁止生物武器公约》活力"为目标，用了较大篇幅强调提高《公约》信任度及普遍性等问题。但在2018年的《战略》中，明显弱化了《公约》的作用，只是简单提到了支持相关国家履行《公约》的义务。

三、启示

通过对美国《战略》的分析，结合我国生物安全能力建设现状，我们认为以下几个方面值得参考借鉴。一是高度重视国家生物安全的顶层设计；二是注重加强生物防御各相关方的通力合作；三是着力强化生物安全科技支撑能力建设。

（军事科学院军事医学研究院　李丽娟　王　磊）

第七章

美国《合成生物学时代的生物防御》报告分析

2018年，受美国国防部委托，美国国家科学院、工程院和医学院对合成生物学可能引发的生物威胁进行评估，并于2018年6月发布《合成生物学时代的生物防御》报告[1]（以下简称报告）。本文结合美国相关领域主要进展，重点从美国合成生物学研发的绝对优势及开展合成生物学研究的对策建议等角度进行分析。

一、报告主要内容介绍

（一）报告确定的合成生物学能力评估框架

为了协助美国国防部的化学和生物防御计划（CBDP），美国国家科学院、工程院和医学院任命了一个特设委员会来处理合成生物学时代生物威胁形势的变化问题。该委员会确定了一个战略框架，指导评估与生物学和生物技术进步相关的潜在安全漏洞，其中特别强调的重点是合成生物学。该战略框架由4个因素及每个因素中的具体描述性要素构成，4个因素是技术的可能性、作为武器的可用性、行为者的要求及消减的可能性。其中，技术可能性因素包括易用性、发展速度、使用障碍及与其他技术的协同作用4个描述性要素；武器可用性因素包括生产和递送、伤亡范围及结果的可预测性3个描述性要素；行为者要求因素包括获得专业知识、获得资源、组织占用需求3个描述性要素；消减可能性因素包括威慑和预防能力、识别攻击的能力、归因能力、后果管理能力4个描述性要素。报告认为，该框架是评估不断变化的生物技术领域的有价值的工具，国防部及其合作伙伴应使用该框架评估合成生物学的能力及其影响，继续推行持续的化学和生物防御战略，并开发对策方法来应对合成生物学现在和将来所带来的更广泛的威胁。

（二）报告对合成生物学能力的评估

报告研究确立了12种合成生物学潜在风险能力，按照既定评估框架进行综合分析评估，并按照最高关注度、中等至较高关注度、中等关注度、较低关注度和最低关注度5个层级进行排序。其中，最高关注度的3种能力包括重构已知致病病毒、原位合成

1　Biodefense in the Age of Synthetic Biology.

https∶//www.nap.edu/catalog/24890/biodefense-in-the-age-of-synthetic-biology

生物化学品、使现有的细菌更加危险，主要原因是基于这些技术和知识的能力对于广泛的行为者来说极易获得和应用。中等至较高关注度的2种能力包括使现有的病毒更加危险、利用天然代谢途径制造化学品或生物化学品，主要原因是这些能力得到现有技术和知识的支持，但涉及更多的限制因素，并可能受到生物学技能相关因素的限制。中等关注度的4种能力包括通过创造新的代谢途径制造化学品或生物化学品、修饰人类微生物菌群、修饰人类免疫系统、修饰人类基因组，主要原因是这些能力更具前瞻性，但可能受到现有知识和技术的限制。较低关注度的2种能力包括重构已知致病细菌、创建新的病原体，主要原因是这些能力涉及重大设计和实施挑战。最低关注度的1种能力是利用基因驱动修饰人类基因组，主要原因是依靠几代人的有性繁殖在人群中传播有害性状尚不现实。

（三）报告形成的基本观点

一是合成生物学模糊了化学武器和生物武器之间的界限，扩大了能够实施相关操作的人员的范围，减少了制造生物体所需的时间，拓展了制造新武器的可能性。二是合成生物学的概念、方法和工具本身不会造成内在的伤害，而应关注的是合成生物学的特定应用或能力。三是合成生物学的某些恶意应用现在看来似乎不太可能，但如果克服了某些技术瓶颈或障碍，就可以实现；随着合成生物学领域的不断发展，一些瓶颈可能会放大，而一些障碍也将被克服。四是这些能力受到商业发展和学术研究推动力的影响，以及来自合成生物学领域之外技术的融合或协同的影响，准确地预测这些发展发生的时间是不可能的，目前重要的是持续监控可能影响这些瓶颈和障碍的合成生物学和生物技术方面的新进展。

二、美国技术优势明显

随着当代分子生物学技术的迅猛发展，以系统化设计和工程化构建为理念的合成生物学成为新一代生物学的发展方向，在生物技术颠覆式创新方面展现了无限的潜力，有望为破解人类面临的资源、能源、健康、环境、安全等领域的重大挑战提供新的解决方案，开创一个财富绿色增长的新纪元，对于保障经济社会持续发展、支撑国家建设与国家安全具有重大战略意义。美国把握先机，超前布局，已基本确立了在全球合成生物学领域的绝对优势。

（一）战略设计系统全面

美国将合成生物学等生物高技术作为继信息技术之后国防和军事博弈的又一战略制高点，将发展合成生物学上升为国家战略，制定长远规划，建立研发机构，投入巨资布局研发活动，积极抢占制高点，谋求下一轮经济产业和国防军事竞争优势。美国是全球合成生物学领域投入最多、发展最快的国家，每年对合成生物学投资上亿美元。目前美国在合成生物学领域的研究实力居世界首位，合成生物学发展历史上的多个里程碑式研究成果均来自美国科学家，在合成生物学领域具有影响力的商业公司大多数位于美国。同时，美国政府也高度关注合成生物学的两用性，多措并举管控安全风险。

（二）底层技术发展迅速

美国科学家一直走在合成生物学方法、工具开发和改进的世界前列。早在2003年，J. Craig Venter等就合成了长达5386个碱基的噬菌体基因组。2010年5月，Venter采用化学方法全合成了1 078 809个碱基，具有901个基因的蕈状支原体基因组，并将其植入受体细胞，创造了世界上第一个真正意义上的人造细胞。2016年，Venter等又获得了目前为止最小的细菌基因组并且其依旧保持着自我复制的能力。Venter团队发展的长链DNA合成、拼接和测序技术及合成基因组移植技术，快速、高效，能组装长达90万个碱基的DNA大片段，已成为目前合成基因组的经典方法。

（三）军事转化力度空前

美军将合成生物学作为未来武器装备发展的重要方向，美国国防部将合成生物学列为21世纪优先发展的六大颠覆性技术之一，大力支持合成生物学军事应用研发，已成为合成生物学的最大投资者。美国国防高级研究计划局（DARPA）在2011年度投入3300万美元开展合成生物学研究，意在消除"自然进化进程的随机性"，生产具有预定效应的生物系统。2012年，DARPA同时启动三项合成生物学计划。其中，"现代疗法：自主预防和治疗"项目，计划4年投入1.92亿美元，利用合成生物学方法为感染性疾病的识别与治疗提供帮助；"生命铸造厂"项目，计划2年投入5000万美元，用于研发生物燃料和生物材料，实现按需生产高价值的新材料与设备，提升装备制造能力；"生物设计"项目，计划4年投入4462万美元，致力于生产全新的生物组织再生材料。2014年，DARPA发起"生命铸造厂-千分子"计划，规划生产1000个自然界不存在、独特的分子和化学模块。2017年，DARPA部署了基于合成生物学的先进植物技术（advanced plant technologies，APT），旨在开发"植物间谍"智能网络。当前，陆军研发工程司令部生化中心正致力于探索合成生物学在作战人员支持、生化威胁探测与防护等领域的发展潜力，部署了一批应用性研发项目。

（四）风险防范持续发力

美国对合成生物学技术的两用性本质和潜在威胁一直高度重视。早在2003年，克雷格·文特尔团队关于从头合成病毒的报道刊出不久，美国政府即高度关注其可能影响，小布什总统要求评估这类研究给医学、环境、安全等领域带来的潜在影响、利益和风险。美国中央情报局发布《生物武器更加黑暗的未来》报告，认为伴随着生物技术的发展，更加危险的生物战的威胁进一步增加。美国联邦调查局（FBI）、中央情报局（CIA）及其他情报机关均宣称不能对合成生物学研究的危险性进行量化或者特异性描述。

2004年，美国时任总统小布什签署了国土安全总统令9（HSPD-9）《二十一世纪生物防御》，确定了生物防御的四个重点方向。2009年，美国奥巴马政府发布了《应对生物威胁国家战略》，强调了生物技术的安全问题及要通过生命科学研究发展、提高生物防御能力。2016年12月美国发布的《2017年度国防授权法案》要求美国国防部长、卫生和公众服务部长、国土安全部长和农业部长共同制定《国家生物防御战略》和相关实施计划。2018年9月18日，美国总统特朗普签署了《国家生物防御战略》，并以国家安全总统备忘录的形式发布。

2017年3月，美国国防部网站报道合成生物学新威胁应对相关情况，负责核化生防护计划的代理助理部长亚瑟·霍普金斯（Arthur T. Hopkins）指出，美国国防部现有策略不足以应对合成生物学应用带来的风险，为应对合成生物学带来的新威胁，美国国防部正在更新"化生防护计划"。2017年9月，美国National Defense网站发表名为《国土安全部努力资助生化防御》的文章，称该部门必须研究合成生物学和基因工程进展情况，建立一套能够持续监测与评估合成生物学风险的系统。

三、启示与思考

一是报告凝练的合成生物学能力值得关注。报告凝练的合成生物学能力均属于目前合成生物学领域的研究热点，这些能力预示了合成生物学技术的快速发展所带来的颠覆性后果。报告给予较高关注度的能力正是目前合成生物学飞速发展并不断突破的研究领域。报告给予中等乃至较低关注度的能力主要基于技术成熟度相对较低、理论基础相对薄弱等原因，但并没有影响合成生物学及相关科学技术对它们的研究热度和投入。

二是报告提出的合成生物学风险值得警惕。报告对已知合成生物学能力及其潜在应用分别给出了关注度分级，强调和警示了合成生物学发展对生物防御形势造成的颠覆性影响，并指出对于合成生物学使能武器而言技术易用性不断提升，开发和使用障碍不断降低，专业知识和资源获取愈发便利，攻击的识别、归因及后果管理能力相对滞后，对生物安全防御提出了全新的挑战，将进一步加剧合成生物学风险。

三是报告关注的技术发展瓶颈障碍值得重视。报告指出随着合成生物学领域的不断发展，一些制约其发展的瓶颈或障碍可能会放大，也可能被克服，并列举了部分有助于克服这种瓶颈和障碍的技术，主要包括超大基因组的组装与启动、病原体生物特性元件的表征、宿主（底盘）遗传代谢信息的阐明、人体及其微生物菌群相关机制的解析等，这些技术一旦取得突破，其带来的颠覆性影响将无比深远。

（军事科学院军事医学研究院 魏晓青 刘 刚 王 华 陈惠鹏）

第八章

美国《生物安保与生物防御政策路线图》解读

生物技术前景的快速变化会导致生物威胁系统变得复杂化，同时也为建立应对生物威胁的新技术能力提供了新机遇。2018年6月，受美国空军学院应对大规模杀伤性武器的先进系统与概念项目资助，美国国防大学、Gryphon Scientific 和 Parsons 等咨询机构联合开展美国生物安全和生物防御政策研究，并发布了《美国生物安保与生物防御政策路线图》报告，提出了实施生物安保和生物防御政策路线图，其目的是发挥科技成果潜能、最大限度地降低生物安保风险。

一、报告背景：新生物技术发展前景

2001年，拉斯克奖得主 Matthew Meselson 将21世纪称为生物技术的时代[1]。在过去的10～15年中，生物技术发生了4个主要的变化：①资金来源扩大化，包括跨风险投资公司和公共众包（public crowelsourcing）、私人企业、慈善机构和政府等多种形式的资助者；②物理、计算、材料和生命科学的日益融合；③生物学从业者范围的拓展，包括公民科学家、非生命科学家和工程师等；④生物技术能力的全球化。这些变化是许多因素共同驱动的，如非传统研究院人员的涌入、多元化的投资者、社会对健康应用的接受度、农业需求增加、物理与计算和生命科学的融合等。生物技术改变了现有生命科学潜能，如精准医疗、系统水平分析、基于生物的化学物质生产、合成生物学、生物组织打印、生物制造添加剂、神经网络和人工智能等。政府和非政府投资者也已经认识到这些成果对改善健康、农业、环境监测和能源的巨大前景。

生物技术发展态势的巨大变化，也为美国建立应对生物、化学、辐射威胁，评估生物威胁带来了新的机遇。美国政府系统的国家安全专家对此深表关注。例如，是否有必要进行风险大于效益的某些生物科学实验；生物技术新进展和应用为民用和军用的应急应对带来了哪些益处；"科技突发事件"以及一些科技变革是否会影响美国的领先地位等。美国国会颁布了一些试图解决这些问题的法规。例如，2017年5月综合拨款法（2017 Consolidated Appropriations Act）的部分内容要求情报界评估美国全球生物经济竞争力相关的生物技术新进展和应用，包括对"随着基因编辑技术发展可能带来的风险和

1　National Research Council. Biotechnology Research in an Age of Terrorism. Washington，DC：2004.

威胁"的评估及其对生物防御需求的启示²。《2016年国防授权法案》的部分内容要求国防部、卫生和人类服务部、国土安全部、农业部为美国起草新的生物防御战略³，特别是对现有政策和程序进行审查、阐述生物威胁、评估相关机构的角色和责任，并提出改善生物防御能力的建议。

在目前发展态势下，如何最大限度地利用科技进展和政策降低国家安全风险，也面临新的挑战，包括：①资助者优先事项、生物伦理、生物安全和生物安保规范的可变性；②敌对国家投资（或剽窃）生物科技经济和商业成果信息。生物技术部门目前存在技术、技能和知识［通过投资和（或）剽窃］向外国转移的情况。应对这些问题的经验教训可能来自其他领域，如激励科学家维持美国的知识基础或者参考信息技术领域。

二、研究方法和过程：基于政策系统性评估

通过对美国2017和2018年的生物安保和生物防御政策系统分析可以发现，美国现行的生物安保和生物防御政策分为两部分：一部分重点关注美国和全球范围内生物材料、知识、技能和技术的剽窃、转移和蓄意、恶意使用；另一部分重点关注提高用于预警、准备和应对自然、偶然或蓄意生物威胁的科学和技术能力。图8-1中，白色环代表了特有的美国法规、国际协议或伙伴关系、政府部门机构水平的政策、项目活动、指南和准则。环形的大小反映了生物安保或生物防御领域相关政策的数量。图中深色节点代表特定领域的法规。节点的大小反映了与各个主题相关的政策数量，节点间的距离反映了各个政策之间的关联程度。线条仅反映基于现有政策和主题的直接关联。这个地图不反映基于概念相似性的主题领域的关联，而是反映现行政策之间的直接联系。

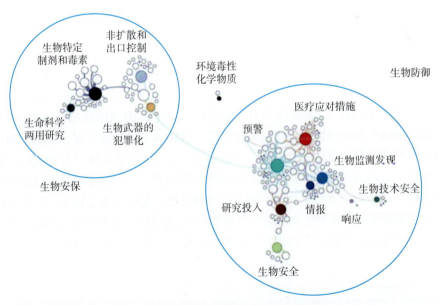

图8-1　按照政策主体展示美国生物安保与生物防御政策关系图

2　2017 Consolidated Approproations Act，Pub. L. No. 115-131 Stat. 131 Stat 135（2017）.

3　National Defense Authorization Act，Pub. L. No. 114-328 Stat. 130 Stat 2423（2016）.

从图8-2中可以看到，目前美国已经在研发能够改变现有科学能力的新技术。因此，政策制定者也开始着手制定新的法律、法规、指南、准则或项目。图8-2同时阐明了美国生物安保和生物防御政策的应答性质。美国的政府机构，一些地方公共卫生利益相关者和更广泛的科学界成员负责执行这些政策。

（一）生物安保政策分析

生物科学活动在美国一般以三种方式受到监管。第一种是法律监管，可能通过规章来实施。这些法律适用于任何活动或实体，通常与资金来源无关。例如，1989年的《生物武器反恐法案》、2004年的《生物项目控制法案》《出口管制条例》《生物管制制剂和毒素法规》《职业健康安全条例》。第二种监管方式是制定适用于接受政府项目资助的指南和准则。此类政策包括《美国政府关于两用风险研究的政策》《美国国立卫生研究院（NIH）的重组与合成核酸指南》《美国卫生与公共服务部用于指导关于促进潜在流行性病原体研究资助决策的框架》。由于这些政策与联邦资金挂钩，它们的监管不包括政府资助以外的项目。第三种管理方式包括不受管制的科学或实体所自愿执行的政策。例如，约40%的美国私营企业自愿建立了审查和监督重组或合成核酸研究项目的制度。对于不接受美国财政研究支持的制药、生物技术和其他私营公司来说，NIH指南是非强制性的。同样，美国及一些国际性DNA合成公司，自觉遵守合成双链DNA提供者的筛选框架指南，该指南与行业制定的测序和DNA订单随机筛选准则一致。很多这种政策也都受到生物管制剂列表的限制，列表中包括具有最高安全风险水平的生物病原体、毒素、科学活动和（或）设备；环境安全和（或）人员安全。另外，这里讨论的政策不包括研究诚信度管理、人类保护、实验动物福利的法规，此类法规也有助于美国整体的生物监管。

（二）生物防御政策分析

与生物安保政策不同，加大投资力度进而提高生物防御能力的生物防御政策旨在推动科技界的内部创新，从而获得所需的知识和工具。例如，美国政府机构，包括美国疾病控制预防中心（CDC）、美国国立卫生研究院（NIH）、美国国防部（DOD）、美国国土安全部（DHS）和美国情报高级研究计划局（IARPA）已经投入资金提高生物监测能力，用于检测动物和人群中生物制剂、新型病原体或实验室病原体开发相关的异常生物事件。2013年，白宫发布了《国家生物监测科技路线图》，以辅助2012年国家生物安全战略的实施[4,5]。国防部支持生物科学的各个领域发展，包括系统生物学、生态学和行为科学，旨在增强预防和抵御生物威胁的军事能力[6]。美国国防高级研究计划局（DARPA）的成立进一步体现了生物科学和生物技术对国防任务的重要意义，前者致力于采用生物

4　National Science and Technology Council. National Biosurveillance Science and Technology Roadmap. In：President EOot，editor. 2013.

5　President Barack Obama. National Strategy for Biosurveillance. In：House W，editor. 2012.

6　Department of Defense. Human Performance Training and Biosystems Directorate. https：//www.acq.osd.mil/rd/hptb/about/index.html#legislation

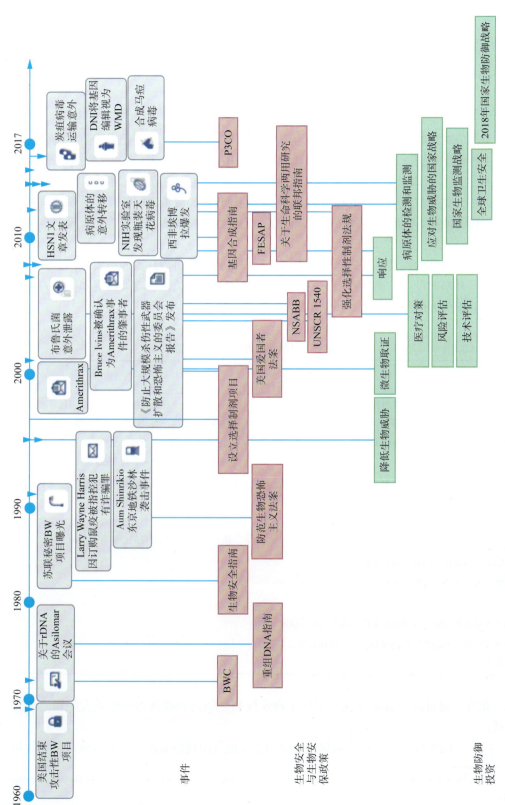

图8-2　过去50年间美国生物安保政策与生物防御投资的互动示意图

学和生物技术成果加强国家安全[7]。这些及许多其他美国生物防御倡议推动着前沿、多学科科学的发展与应用，为应对生物威胁提出了创造性的解决方案。

三、主要观点与建议

（一）美国现行政策的局限性

美国应对生物威胁的政策格局分为两大类：①生物安保，特别侧重于防止盗窃、转移或生物科学知识、技能和技术的蓄意、恶意使用所造成的危害；②生物防御，包括能力的开发及基于知识的评估、检测和监测、治疗（或接种疫苗）及对于生物威胁的应对。这两大类经常影响相同的利益相关者，可能导致两类政策之间的互利关系或国防或安全目标的冲突。同时，生物技术发展迅猛，为构建新技术能力、创造安全漏洞带来了新的可能。

通过系统性的政策分析揭示出了美国生物安保和生物防御政策的局限性，主要是能力、实施和基础设施方面的差距。另外，在政策范围和相关性、政策制定和执行的一致性、利益相关者的参与度方面，也存在一定的局限性（表8-1）。

表8-1　局限性中的优先差距和结果

差距	局限性结果
微生物法医学领域需要更多的投资、创新和人员团队	美国政府致力于成为科技、进展与应用领导者的能力减弱
需要改进生物监测与预警的输入数据	无法识别互惠政策，如员工保护、实验室生物安全和应对政策，生物防御研究投资等
除与病原体和毒素相关的研究之外，也需要更多地关注科技进展的安保影响	利益相关者在极少甚至没有经济支持的情况下，难以通过授权活动执行政策
缺乏支持本地生物安保政策实施的资金和技术资源	地方利益相关者对他们在生物安保与生物防御政策执行中的角色和责任的理解存在挑战
生物管制剂及毒素的监管前景不断发生变化	
对防扩散活动的年度投资跳跃很大，会限制活动的可持续性	
缺乏评估政策实施、检测新政策机会成本的有效措施	
缺乏提高研究领域扩展性的项目，包括区域和国家生物防护实验室	

此外，通过政策分析发现了美国生物安保和生物防御政策的一些重大问题，主要包括：

（1）美国生物安保与生物防御政策是由交叉成分组成的系统，可能导致政策之间相

7　Defense Advanced Research Projects Agency. BTO Lays Foundation for a New Generation of Biotech Ventures 2017.

https://www.darpa.mil/news-events/.2017-09-18.

互促进，也可能相互削弱。因此，以系统的方式对美国政策进行制定、分析和实施，能够更全面地理解政策的间接成本、权衡可行性。

（2）没有单独的战略对美国生物安保和生物防御目标进行全方位的描述。因此，制定能够识别现有政策的相互联系、实施进度、受影响的利益相关者和存在显著差距的一个全面、包容战略，将有益于美国生物安保和生物防御的发展。

（3）有时，地方利益相关者会自愿制定和实施用于解决生物安全风险、弥补生物防御知识和技术差距的政策和实践。这些自愿行动在风险降低与能力建设中发挥着重要作用。

（4）政策中存在的一些障碍可能妨碍政策全面或充分地实施。这些障碍包括相互削弱的政策、缺乏对高财政负担项目的有效支持、政策制定过程中缺乏利益相关者跨部门和跨学科的参与等。

（二）建立生物安全和生物防御政策的实施路线图

报告认为，有必要建立生物安保和生物防御政策的实施路线图，解决其中的一些限制和差距，进而提出以关键的政策发现为基础、重点由联邦和地方利益相关者负责实施的主要行动（图8-3）。

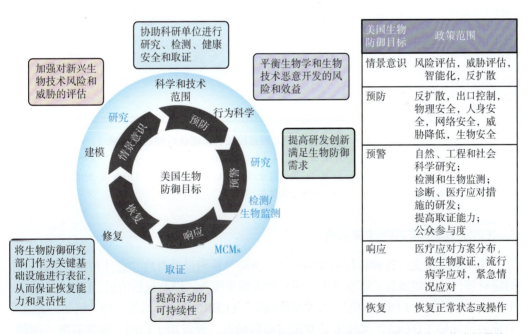

图8-3　路线图主要行动旨在最大限度地利用科技成果降低生物防御、生物安全和生物安保风险

路线图中包含的六个行动是：加强对新兴生物技术的评估；协助科研单位开展研究、检测、健康安全和取证；平衡生物学和生物技术恶意开发的风险和效益；提高创新研发能力，满足生物防御需求；提高活动的可持续性；将生物防御研究部门作为关键基础设施。

（三）联邦政府与利益相关者的职责

联邦政府和地方利益相关者，基于其组织的使命和其他职责，可负责执行与图8-4所示相关行为的政策。政府机构和非政府利益相关者之间的协调与沟通是成功实施政策的关键。

图中蓝色气泡表示特定联邦政府部门或地方利益相关者对各个路线图行动的责任。

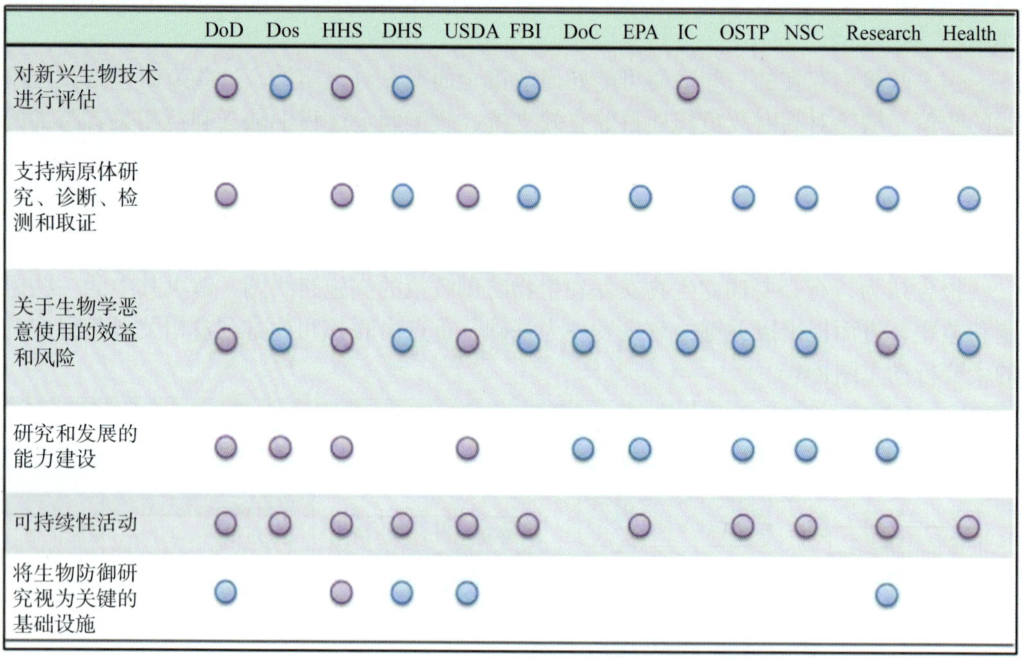

	DoD	Dos	HHS	DHS	USDA	FBI	DoC	EPA	IC	OSTP	NSC	Research	Health
对新兴生物技术进行评估	●	●	●	●		●			●			●	
支持病原体研究、诊断、检测和取证	●		●	●	●	●		●		●		●	●
关于生物学恶意使用的效益和风险	●	●	●	●	●	●	●	●	●	●		●	●
研究和发展的能力建设	●	●	●		●			●	●			●	
可持续性活动	●	●	●	●	●			●		●	●	●	●
将生物防御研究视为关键的基础设施	●		●	●								●	

图8-4　美国政府部门和地方利益相关者可能执行的政策领域

美国国防部（DOD）；美国国务院（DOS）；美国卫生及公共服务部（HHS）；美国国土安全部（DHS）；美国农业部（USDA）；美国联邦调查局（FBI）；美国商业部（DOC）；美国环保署（EPA）；美国情报界（IC）；美国科学技术政策办公室（OSTP）；美国国家安全委员会（NSC）

（四）美国国防部的未来职责

美国国防部支持各种科技活动的评估、预防、检测以及自然、意外和蓄意生物事件的应对等，其计划涵盖了军事卫生、研究和发展等服务，以及包括情报、CBRN（化学、生物、放射学和核）国土响应[8]、突发事件响应[9]及CBRN威胁降低等活动。例如，美国国防威胁降减局（DTRA）支持生物和化学防御研究，开发用于检测、生物监测、预警、

8　U.S. Government Accountability Office. Defense Civil Support: DOD Has Made Progress Incorporating the Homeland Response Force into the Chemical, Biological, Radiological, and Nuclear Response Enterprise. In: Office USGA, editor. 2016.

9　Cronk TM, Pellerin C. Military Responders Help Battle Ebola Outbreak. DoD News, Defense Media Activity. 2014 April 27, 2018.

https://www.defense.gov/News/Article/Article/602984/

医疗对策和诊断学的技术能力[10]。DTRA也与国防部其他机构合作，如进行生物防御基础及应用研究的美国陆军医学传染病研究所（USAAMRID）[11]。DTRA还支持各种威胁降低活动，包括全球卫生安全和合作生物参与。其他国防部机构还从事流行病监测活动，从而获得潜在的生物威胁知识[12]。鉴于国防部在更广泛范围内实施生物防御和生物安保政策的作用，包括利益相关者路线图在内的一些行动同样适用于国防部。表8-2强调了与国防部任务最为接近的领域，包括威胁评估、风险预防、生物监管及医疗应对的研究和发展等。

表8-2　国防部发挥领导作用的步骤

国防部的活动（Department of Defense Activites）				
威胁评估	风险预防	军事健康和防御实验室网络	研究和开发	国家与国际应对
为安全专家提供学习新的科学进展和提高能力的机会	制定研究人员相关指南，在学术水平识别、评估、减轻与交流恶意的潜在风险	对公共卫生和健康保健实验室提供经济支持，提高生物安全政策的一致性	提供支持、进行无差错风险评估、提供BSAT制剂的安全建议	建立通用机制，用以识别解决终端用户需求、推动科学创新的科技和技术
政府与产业界及学术界合作，了解生物技术的现实能力和局限性	制定可行性指南，评估具有潜在效益的生命科学研究的潜在安全风险，包括来自内部的风险	支持科学、卫生和安全部门合作，确定有潜力的成果和技术，加强生物防御并降低研究的安全和安保风险	对研究领域提供资金支持，提高生物安全政策的一致性	
	建立平台使实施者、投资方和审核人员可以了解并讨论由恶意使用者、缓解措施、潜在效益所带来的潜在风险		在经济上支持研究能力建设、技术开发及投资转化不足的需求（如微生物取证和风险表征）	
路线图步骤	开发通用机制，用于审核和监管存在恶意使用潜能的行为和交流研究		建立通用机制，用以识别解决终端用户需求、推动科学创新的科技和技术	
	制定并支持长期的生物管理计划，以减少国际威胁		支持科学、卫生和安全部门合作，确定有潜力的成果和技术，加强生物防御并降低研究的安全和安保风险	
			开发通用机制，用于审核和监管存在恶意使用潜能的行为和交流研究	

10　Pellerin C. DoD Chemical-Biological Program has a Global Mission. DoD News，Defense Media Activity. 2016 April 27，2018. https：//www.defense.gov/News/Article/Article/649239/dod-chemical-biological-program-has-aglobal-mission/

11　USAMRIID：Biodefense Solutions to Protect our Nation. http：//www.usamriid.army.mil/

12　U.S. Government Accountability Office. Biodefense：Federal Efforts to Develop Biological Threat Awareness. In：Office USGA，editor. 2017.

四、评价与启示

（一）采用系统分析方法识别生物安全与生物防御政策的局限性

路线图制定时所使用的政策分析涵盖了对现有利用生物科学和生物技术新成果来防止恶意使用病原体、毒素及科学进展造成威胁的政策系统的评价等。这种基于系统的方法可以识别当前政策环境的局限性和差距。此外，这一分析强调了美国政府、学术界、人类与动植物健康利益相关者的各自角色，对于明确各方可能会实施的、用于解决关键局限性和差距的明确步骤，具有理论指导意义。

（二）加强对生物安全与生物防御政策执行情况和执行成本的评估

某项特定政策其成功的决定性因素是利益相关者实施的可行性以及潜在影响。随着新生物安保和生物防御政策的发展，需要加强对政策实施和执行成本进行评估。迄今为止，很少有用于评估生物安保和生物防御政策实施的评价指标，也很少有人采取措施对项目成果进行评估。《生物安保与生物防御政策路线图》建立了用于对政策进行评估的框架。政策制定者和其他利益相关者可以在此基础上，识别执行评估活动所需的数据类型，以及其他必需的项目成果或目标的实现程度等数据。这项研究还开发了包括各个成本评估参数的机会成本分析方法。这些成本的计算对于确定新政策措施实施的经济负担及扩大研究成果的潜在应用，均具有重要意义。

（中国科学院上海生命科学研究院　刘　晓）

第九章

英国《国家生物安全战略》分析

2018年7月30日，英国环境食品和农村事务部、卫生和社会福利部及内政部联合发布《国家生物安全战略》(以下简称《战略》)，评估了生物威胁的三大风险来源：自然疫情、实验室事故和蓄意攻击。该战略首次将英国政府各部门的生物安全相关工作进行协调整合，提出应充分了解生物风险存在的原因，及时监测并建构快速处置的能力，实施有效预防，以保护英国及其利益免受重大生物风险破坏[1]。

一、战略出台背景

作为世界上重要的国家之一，英国在全球政治、外交及军事安全等事务中扮演着重要角色，其面临的生物安全形势不容乐观。一是全球生物安全治理体系仍有薄弱环节。近年来《禁止生物武器公约》及相关公约获得了绝大部分国家和组织的支持，但生物武器威胁仍然游离于世界各个角落。二是全球传染病疫情此起彼伏，SARS、禽流感、埃博拉、寨卡病毒等疫情使公共卫生安全频亮红灯。三是生物技术扩散失控。生物技术被滥用的潜在风险不断升级，生物恐怖活动和新兴生物威胁源及投送方式的不确定性亦在增加，生物恐怖防御难上加难。四是实验室安全管理存在漏洞，生物安全事故屡有发生。自人类步入21世纪以来，尤其是"9·11"及"炭疽邮件"之后，世界各国高度关注生物安全形势变化，如美国通过一系列立法确立了生物安全体系大框架，并陆续出台了《国家生物防御战略》《国家生物安全战略》等，将生物安全上升至国家安全的高度，为有效应对生物武器、生物恐怖主义及生物技术滥用等问题建立了一整套预防和监管机制。英国政府适时发布《国家生物安全战略》，折射了该国在生物领域不断升级的不安全感，也是英国重新审视现代国家安全因素的集中体现。

二、战略主要内容

(一)战略场景

《战略》第一部分描述了生物风险的特性和面临的机遇，并探讨这一场景将如何继续发展演变。《战略》对生物安全(biological security)采取的定义是：为了保护英国和

---

1 UK government. Biological security strategy. https://www.gov.uk/government/publications/biological-security-strategy，2018-07-20

英国的利益免受生物风险影响（特别是重大疾病暴发）的各类行动措施，无论这些生物风险是自然发生的，还是实验室设施意外释放有害生物材料的低概率事件，或是蓄意的人为生物攻击。这些风险可能影响人类、动物或植物。

英国《2015年国家安全风险评估》基于对发生可能性和产生影响的判断，将重大的人类健康危机（如流感大流行）确定为英国面临的最严重的民事紧急风险之一（一级风险），将英国受到蓄意生物攻击列为二级风险。

该《战略》指出，高感染性传染病的风险在持续不断地发生变化。人口不断向城市中心迁移、国际旅游业不断扩大等全球趋势，增加了疾病传播的可能性。其他驱动因素，如城市居民饮食结构的变化、对动物源性食品需求迅速增长等，将不断增加人类、家畜和野生动物之间的相互联系，改变新人兽共患病疫情的风险特性。而全球技术变革的步伐和科学知识的民主化有可能在未来塑造新的生物风险图景——既有正面的也有负面的。虽然某一国家或恐怖组织蓄意对英国发动生物袭击的情况不太可能，但科学技术知识的在线传播有可能使越来越多的行为体获得所需工具。

该《战略》预测了2020年及以后的场景：①旅行和移民使得全世界的联系越来越多，从而增加自然发生的健康安全和人为蓄意的威胁。这种情况既带来挑战，但也会提供更多的机遇和能力，加强全球监测和早期响应。②医学技术、基因工程和生物技术的进步将为英国的繁荣和发展提供巨大潜力，同时通过以新方式应对生物风险，将对我们的安全产生积极影响。但新技术更容易被国家和非国家行为体获取并滥用，从而危及生物安全。

（二）应对举措

1. 基本原则

该《战略》指出，英国应对生物安全基于两项基本原则：①采取全风险应对方法。把应对自然、意外和蓄意发生的人类、动物和植物健康风险的所有行动整合到单一的战略方针下，确保更有效、更高效的响应。②开展海外行动以减少生物风险源头。该《战略》认识到在全球化时代，海外事件会迅速发展升级，对英国或英国利益构成直接威胁。不仅需要采取行动保护英国及其利益，而且要认识到英国的卫生安全直接受益于国际发展援助计划。通过帮助海外国家建设卫生系统的能力，从源头上解决问题，可以减少生物危险扩散到英国的风险。

2. 四大支柱

基于上述原则，英国的生物安全应对举措将建立在四大支柱之上：①了解感知，即深入了解英国正在面临的、将来可能面临的生物风险；②预防，即预防生物风险的发生或阻止其威胁英国和英国的利益；③检测，即在发生生物风险时，尽可能及时可靠地检测、表征和报告生物风险；④响应，即对已危及英国及其利益的生物风险迅速响应，减轻其影响并促进恢复。此外，还有两项关键性的共同主题需要单独考虑：①所有应对要素必须得到当前和将来科学能力的准确支撑；②充分利用生物科技部门提供的机遇，并充分考虑其潜在风险。

该《战略》对了解感知、预防、检测、响应这四大支柱的重点内容和未来发展进行了详细介绍。具体而言，①了解感知，包括信息搜集、信息评估、行动评估等，未来工作是开展更广泛的信息搜集、更好的信息共享和评估协调以及更好的地平线扫描等。②预防，包括国际合作、边境检查、国内防控等，未来将更有效地参与国际合作、加大海外发展援助、完善边境检疫、强化教育培训等。③检测，包括症状实时监测、抗生素耐药性监测监控、动植物监测、地方性疾病监测、食品检测、媒介监测等，未来将在政府各部门综合开展生物检测工作、发展建设国际哨点网络、培训专业人员、完善疾病症状监测工具、开发流行病学建模系统、探索广域监测方案等。④响应，《战略》指出，英国已经建立了世界领先的人类、动物和植物健康卫生系统，能够应对范围广泛的各类危机，未来将继续确保有效的规划计划响应措施、制定应对重大国际疾病和动植物病虫害威胁的响应计划、优先保护一线应急响应人员的装备和训练、建设强大的卫生系统、加强资助药物疫苗和治疗方法研发、发展有效适当的洗消与恢复正常的能力等。

3. 科技与产业支撑

该《战略》认为，科学和技术贯穿于应对重大生物风险的每一个要素，生物安全战略的成功必须得到高质量的科学支持。战略确定的下一步工作重点包括：①进一步加强政府各部门和政府科学能力的共识，了解任何与生物风险相关的科技挑战和差距。②探讨如何更好地协调生物科技专业能力，将投资4亿英镑建设一个公共卫生科学中心。③保护未来的科学基础，确保政府的科学资助力度。④与企业界和学术界进行更紧密的合作，系统实时地预测、检测和了解英国当前的关键动植物健康问题以及新发威胁。

该《战略》指出，英国在生物科技领域处于世界领先地位，而生物安全是生物科技领域中非常关键、不可或缺的一部分。英国的生物产业、研究机构和基础设施为其影响和发展全球生物安全的能力作出了不可估量的贡献，在确保英国更有效地应对生物风险中发挥了重要作用。但生物科技部门也可能是生物安全风险的源头。在组织机构层面，不充分、不胜任或不生效的生物安全与安保政策和措施可能会造成泄漏扩散风险，局部生物安全措施的失效有可能最终导致英国成为全球生物安全问题的源头。

上述问题要求生物产业、研究机构和生物依赖部门对生物安全达成一致性的认识愿景。这种应对措施必须侧重于将因控制不当和生物安全性差而产生的物理风险降到最低限度，以及对科学研究的良好治理。至关重要的是，生物安全措施不应危害科技创新，因为创新受阻不仅可能扼杀生物产业特别是发展中的生物经济，而且可能限制应对新威胁的能力。《战略》认为，英国目前的生物安全监管举措是强有力的，并且得到了完善的安全、安保、质量控制框架、指导方针、管理规章和立法措施的支持或促进。未来还将继续支持富有弹性、反应迅速、灵活敏捷与高效成功的生物科技与经济，最大限度地利用该领域成果促进国内和全球生物安全利益。

（三）战略实施

该《战略》所描述的大部分行动，都处于英国政府各部门现有的资助组合和治理机制之中。但也有一些承诺只有政府各部门互相协作才能实现。《战略》建议成立一个新的跨部门治理委员会，负责监管这些承诺以及任何其他新的承诺。该治理委员会将通过安全大臣向国家安全委员会（NSC）报告。英国政府首席科学顾问（GCSA）负责对战略实施结果进行监督。

跨政府治理委员会由下列部门的代表组成：内政部、外交部、国防部、卫生和社会福利部、环境食品和农村事务部、商业能源和工业战略部、国际发展部、国际贸易部、公共卫生局、动植物健康局、卫生与安全执行局、政府科学办公室、内阁办公室、生命科学办公室、农产品和生物科学研究所、国防科技实验室，以及苏格兰、威尔士等地方自治政府。

三、战略特点分析

（一）采取全系统、全频谱的风险应对方法

英国的生物安全战略把应对自然、意外和蓄意发生的人类、动物和植物健康风险的所有工作整合在一起，将跨政府的生物风险应对行动整合到单一的战略方针下，确保更有效、更高效的响应。同时，将国内防控与海外行动相结合，力争从生物威胁的源头上解决问题，减少疾病和耐药性扩散或到达英国的风险。英国与世界卫生组织、世界动物卫生组织、联合国粮农组织等国际伙伴密切合作，在全球卫生安全议程和全球卫生安全倡议中发挥主导作用。英国还积极援助在医疗卫生和生物安全领域存在能力差距的国家，加强其医疗卫生系统，使它们能更好地预防、鉴别和应对疫情。

（二）注重情报监测预警与评估

英国《战略》明确提出，深入了解正在面临、将来可能面临的生物风险特性和起源是生物安全的关键。通过信息搜集、信息评估、行动评估三个关键步骤，掌握准确全面的风险情报信息，并加强政府部门、情报机构、卫生机构、科研机构、国际合作伙伴的信息共享，可以有效掌握生物威胁发展态势。英国未来将大力建设流行病学信息搜集系统，加强公共卫生国际情报合作，增加对生物之外的信息搜集，实现更好的数据信息共享和评估协调。

（三）加强产学研合作，发展科技支撑能力

英国《战略》指出，强大的科学基础是应对重大生物风险的关键要素。英国具备世界领先的生物科技专家队伍和专业能力，但仍然需要确保科学能力的不断发展。英国政府各部门已经开始着手相关工作，制定了一系列的战略与计划，进一步加强政府各部门的科学能力。通过与企业界和学术界进行更紧密的合作，可以为发展和测试新的预防治疗手段、刺激新型生物安全产品与服务的商业开发，创造最佳环境。

（军事科学院军事医学研究院　蒋丽勇　楼铁柱）

第十章

美国生物盾牌计划研究进展

生物盾牌计划是保护美国免受大规模杀伤性武器攻击国家战略的重要组成部分，旨在加速抗化学、生物、放射与核（Chemical，Biological，Radio logical & Nuclear，CBRN）威胁有效医疗对策产品的研究、开发、购买与可获得性。自2004年实施以来，该计划已经支持了80多项医疗对策产品的研发与采购，目前已经采购或储存了其中21项产品。该计划的实施，增强了美国应对CBRN威胁和恐怖袭击的能力，提升了美国生物防御基础研究和高级产品研发与转化能力，有效地完善了美国生物防御管理体系，为其他国家应对新兴传染病等生物安全威胁及提升国家生物防御能力提供重要参考。

一、基本情况

（一）出台背景

2001年"9·11事件"及同年的一系列炭疽杆菌袭击事件，一方面，迫切需要开发应对此类威胁的疫苗、诊断措施和疗法，以保护美国公民免受CBRN威胁。另一方面，因其商业回报有限，只有数量很少的公司开展这类产品的研究与开发。为此，2003年1月时任美国总统布什在国情咨文中提出"生物盾牌计划"。2004年美国国会通过了《2004年生物盾牌计划法案》（*Project BioShield Act of 2004*），并于同年7月21日起实施[1]，旨在为参与开发CBRN医疗对策（medical countermeasure）的公司提供市场激励机制，改进美国应急准备与应对能力，提高美国开发、获取、储存和提供保护美国人民免受大规模杀伤性武器所需的医疗对策的能力。

（二）组织实施

生物盾牌计划由美国2006年"大流行全危害应对法案"（Pandemic All Hazards Preparedness Act，PAHPA）建立的美国生物医学高级研究与发展管理局（Biomedical Advanced Research and Development Authority，BARDA）负责实施。BARDA由美国卫生和公共服务部准备与应对助理部长领导，设在准备与应对助理部长办公室下，主要负

---

1 吉荣荣，雷二庆，徐天昊. 美国生物盾牌计划的完善进程及实施效果. 军事医学，2013，37（3）：176-179.

责承担美国政府应对CBRN威胁、流感大流行及新兴传染病威胁的医疗对策的高级研发工作，每年卫生和公共服务部要向国会提交生物盾牌计划年度报告，并汇报该计划实施进展情况。

（三）重点工作

（1）为所需医疗对策采购提供资金：生物盾牌计划为购买关键医疗对策（如疫苗、治疗药物和诊断产品）提供了可靠的资金来源。生物盾牌计划设立了一项"特别储备基金"，按照《2004财年国土安全部拨款法案》提供资金。

（2）促进研究与开发：生物盾牌计划授权美国国立卫生研究院/国立过敏与传染病研究所加快和简化关键医疗对策的批准、评估及资助流程。

（3）促进在紧急情况下使用医疗对策：生物盾牌计划建立紧急使用授权（Emergency Use Authorization，EUA）程序，以便在卫生和公共服务部部长发布紧急状态声明后提供最佳的、可用的医疗对策。紧急情况可以是卫生部部长确定的具有影响国家安全潜力的公共卫生突发事件，或者是国土安全部部长确定CBRN对美国公众或军队的攻击风险增加时。

这三个方面无缝整合到美国政府从侦检预警、快速反应到解毒救治这一完整的生物防御体系[2]中。生物盾牌计划使美国政府力求在有限的预算内采购最急需的医疗对策产品[3]。

（四）工作机制

生物盾牌计划在2004～2013年的十年间提供56亿美元用于开发、采购和储存可用于公共卫生突发事件（如CBRN恐怖主义行为）的医疗对策。2014和2015财年的金额分别为2.541亿美元和2.55亿美元，2016和2017财年的金额分别为5.1亿美元和5.088亿美元，2018、2019财年预计维持在5.1亿美元/年[4]（表10-1）。

表10-1　生物盾牌计划2014～2019财年获得经费（单位：亿美元）

2014财年	2015财年	2016财年	2017财年	2018财年（估计）	2019财年（预算）
2.541	2.55	5.1	5.088	5.065	5.1

BARDA充分利用这些拨款，为参与研发相关医疗对策的医药和生物技术公司提供了"推拉"组合的市场激励机制。其中"推力"机制主要通过签署高级研发合同降低开发机构的风险。而"拉力"机制则通过生物盾牌计划采购产品，重点在于保障开发机构

2　仇玮祎，余云舟，孙志伟，等. 美国生物防御对策研究与国家战略储备药物分析. 军事医学，2012，36（10）：777-781.

3　Project BioShield Overview.

https：//www.medicalcountermeasures.gov/barda/cbrn/project-bioshield-overview/

4　Federal Funding for Health Security in FY2019.

https：//www.liebertpub.com/doi/full/10.1089/hs.2018.0077?url_ver=Z39.88-2003&rfr_id=ori%3Arid%3Acrossref.org&rfr_dat=cr_pub%3Dpubmed&，2018-10-17

能获得可预测的回报。BARDA正是通过这些激励方案建立了稳健的、涵盖约80项候选医疗对策产品研发管线，以应对多种多样的CBRN威胁。目前已经采购或储存了其中21项产品[5]。

二、生物盾牌计划实施十年进展

自2005年以来生物盾牌计划资助的项目具体见表10-2，主要涉及炭疽杆菌、肉毒杆菌、天花、核辐射、新兴的病毒性出血热、耐药菌等方面的产品研发与储备。

表10-2　生物盾牌计划支持的医疗对策

产品	公司	应对威胁	用途	当前状态
瑞希巴库（Raxibacumab）	葛兰素史克公司	炭疽杆菌	治疗吸入性炭疽	FDA已批准
Anthrasil	新兴生物方案公司	炭疽杆菌	治疗吸入性炭疽	FDA已批准
ANTHIM（obiltoxaximab）	伊路西斯治疗公司	炭疽杆菌	治疗吸入性炭疽	FDA已批准
Biothrax（炭疽吸附疫苗）	新兴生物方案公司	炭疽杆菌	暴露后预防	FDA已批准
Nuthrax（由炭疽吸附疫苗BioThrax及CPG7909佐剂构成）	新兴生物方案公司	炭疽杆菌	暴露后预防	开发后期（尚未储备）
HBAT（七价肉毒杆菌抗毒素）	新兴生物方案公司	肉毒杆菌	肉毒杆菌中毒症状治疗	FDA已批准
IMVAMUNE（改良安卡拉痘苗病毒）	Bavarian Nordic	天花	接种ACAM2000型天花疫苗无法产生疗效的患者以预防天花	EUA授权应急储备
特考伟瑞（ST-246）	西佳科技公司	天花	治疗天花感染	FDA已批准，EUA授权后储备，以备不时之需
Versed（咪达唑仑）	于午线医疗科技公司/辉瑞制药	神经毒剂	治疗神经毒剂引发的癫痫	开发后期（尚未储备）
非格司亭	安进公司	辐射	治疗急性辐射引发的骨髓抑制症	FDA已批准
沙格司亭	赛诺菲公司	辐射	治疗急性辐射引发的骨髓抑制症	EUA授权后储备，以备不时之需
培非格司亭	安进公司	辐射	治疗急性辐射引发的骨髓抑制症	FDA已批准

5　Larsen JC，Disbrow GL．Project bioshield and the biomedical advanced research development authority：a 10-year progress report on meeting US preparedness objectives for threat agents．Clin Infect Dis，2017，64（10）：1430-1434.

产品	公司	应对威胁	用途	当前状态
ThyroShield	弗莱明制药	辐射	甲状腺阻断剂	FDA已批准
钙促排灵	Akorn生物制药	辐射	螯合剂	FDA已批准
锌促排灵	Akorn生物制药	辐射	螯合剂	FDA已批准
Silverlon	阿根塔姆公司	热灼伤和辐射烧伤	抗菌伤口敷料	FDA已批准
Nexobrid	Mediwound	热灼伤和辐射烧伤	酶清创药物	开发后期（尚未储备）
Recell	阿维塔医疗有限责任公司美国分部	热灼伤和辐射烧伤	供体移植物保留技术	FDA已批准
Stratagraft	Stratatech公司	热灼伤和辐射烧伤	人造皮肤替代物	开发后期（尚未储备）
REDI-Dx	Dxterity公司	生物剂量测定	检测及量化人体所受辐射量	开发后期（尚未储备）
阿拉德（ARad）	MRI全球公司	生物剂量测定	检测及量化人体所受辐射量	开发后期（尚未储备）

（一）应对炭疽感染的产品研发

生物盾牌计划资助私营企业开发炭疽应对措施的投资获得一定效果，已有3种治疗吸入性炭疽杆菌感染的免疫球蛋白产品获得FDA批准上市：瑞西巴库（Raxibacumab）和obiltoxaximab（ANTHIM）是单克隆抗体，而Anthrasil（炭疽病免疫球蛋白静脉注射液）则是一种多克隆免疫球蛋白产品。这3种产品都可用于儿童患者，有儿童推荐剂量。生物盾牌计划还资助获得了吸附性炭疽疫苗的附加适应证，使该疫苗能够发挥暴露后预防的功效。此外，炭疽疫苗的大规模生产流程也获得了FDA的许可，从而增加炭疽疫苗产量，提高应对能力。

疫苗、抗毒素产品与目前储存的广谱抗生素三者相结合可以全面、稳健地防御炭疽杆菌的攻击。生物盾牌计划资助的其他研究主要集中在提高炭疽应对行动的可操作性，以及降低产品的储存、配送和全周期管理的成本。例如，资助由炭疽吸附疫苗BioThrax及CPG 7909佐剂组成的Nuthrax的后期研发及采购。Nuthrax是新一代炭疽疫苗，只需2剂就可以为身体提供保护性免疫，而目前的Biothrax要达到同样的效果需要三剂。

（二）资助肉毒杆菌中毒的产品研发

生物盾牌计划支持了一项治疗肉毒杆菌中毒的药物开发，即七价肉毒杆菌抗毒素（HBAT），支持其后期开发、采购及FDA审批。该药于2013年3月通过FDA审批，是唯一一种能治疗所有七种血清型肉毒杆菌中毒的药物。HBAT已经被批准用于治疗在疑似或确认接触肉毒杆菌后出现中毒症状的成人和儿童。该产品还可以用来治疗食物引发的肉毒杆菌中毒暴发。

（三）支持天花产品研发

生物盾牌计划已经开发、采购和储存了 IMVAMUNE（改良安卡拉痘苗病毒），这种疫苗主要用于那些 ACAM2000 型天花疫苗无法产生疗效的患者，包括感染人体免疫缺陷病毒（HIV）或特异性皮炎的患者。在获得紧急使用授权（Emergency Use Authorization，EUA）之后，IMVAMUNE 便可用于各年龄段的 HIV 感染者和特异性皮炎患者，以及妊娠期和哺乳期妇女。这种疫苗还可用于保护天花高危人群。BARDA 将继续努力推动该项产品的研究，直到其获得生产许可。

在治疗天花的抗病毒药物开发方面，2011 年生物盾牌计划牵头开展对特考伟瑞（Tecovirimat，ST-246）的后期开发和采购。这种药品已经被储备，一旦得到 EUA 授权便可在突发紧急情况时使用，该药已于 2018 年 7 月 13 日被 FDA 批准上市 [6]。

（四）应对化学剂威胁

化学剂已经在一系列冲突（如叙利亚内战）中被运用，这种威胁长期存在，尤其是特别致命的神经毒剂。神经毒剂可以过度激活并最终导致胆碱能神经系统瘫痪，暴露于神经毒剂的个体会出现长时间的癫痫症状，进而导致永久性的严重神经损伤。为应对这种威胁，生物盾牌计划投资了咪达唑仑的后期开发及采购，咪达唑仑可以抑制癫痫，降低神经毒剂对神经系统的危害。咪达唑仑已经通过 FDA 审批，生物盾牌计划正在努力将其与自我注射器相结合，使该药品可以实现肌内注射，进一步提升其生物利用率。

（五）应对核辐射威胁

应对核辐射面临的主要障碍之一是如何甄别出受核辐射影响的患者并给予治疗。生物盾牌计划正在资助 2 款高通量辐射生物剂量计的后期开发及采购，两者即将进入商业阶段，即辐射暴露剂量指数诊断（REDI-Dx）和阿拉德生物剂量检测，这两款产品都是新型的分子基因表达检测手段。

暴露于辐射中的患者会出现一系列症状，包括造血系统、肠胃和肺部问题。辐射会对造血系统产生毁灭性影响，导致中性粒细胞减少症和血小板减少症。生物盾牌计划支持免疫刺激细胞因子，特别是粒细胞巨噬细胞刺激因子或粒细胞集落刺激因子的研发与采购，以治疗辐射导致的骨髓抑制症，如生物盾牌计划支持非格司亭、培非格司亭（乙二醇化非格司亭）和沙格司亭的后期开发及采购。

在应对与辐射或核威胁相关的公共卫生突发事件时，另一个重要组成部分是治疗皮肤受辐射或直接暴露于热流中所造成的烧伤。生物盾牌计划资助了一整套产品的后期开发，这套产品可以很方便地把对普通烧伤病患的治疗模式转化为辐射烧伤治疗模式，包括：①Silverlon，一种浸染了银离子的伤口敷料；②NexoBrid，一种新型非手术式酶溶解药物，可有效溶解烧伤后的疮痂。另外，对烧伤后的皮肤移植、再生及人造皮肤方面，生物盾牌计划资助了 2 款产品，分别为：①Recell，该产品减小了自体移植物的需

6　FDA approves the first drug with an indication for treatment of smallpox.
https：//www.fda.gov/NewsEvents/Newsroom/PressAnnouncements/ucm613496.htm，2018-07-13

求量，只需要一小块皮肤样本，就可以制作再生上皮细胞悬液并将其喷在患处，便可促进皮肤再生，从而改善患者状况，FDA 已批准该产品上市[7]；②Stratagraft，一种用于严重烧伤的可再生皮肤组织，FDA 已经于 2018 年 7 月指定其作为再生医学先进疗法[8]。

（六）应对新兴的病毒性出血热病毒感染

除了以上传统的生物威胁外，人类面临越来越多的新兴病毒感染的威胁。西非埃博拉疫情暴发期间，生物盾牌计划已快速推进埃博拉疫苗和药品研发，而这个领域的研发需要获得持续性投入和市场激励。埃博拉病毒及其他病毒性出血热（Viral hemorrhagic fever，VHF）病毒，如马尔堡病毒和苏丹病毒，已经被认定为美国的重要威胁，应对这些威胁的手段应当获得生物盾牌计划支持。美国政府将继续支持疫苗、药品和诊断手段开发，以应对潜在的生物恐怖袭击和下一次可能的 VHF 暴发威胁。

（七）应对耐药菌感染

耐药菌感染也是公共卫生的一大威胁。生物盾牌计划已经成功资助了多种在研抗生素产品，并将其中一些产品推进到 3 期临床开发阶段。生物盾牌计划实施机构 BARDA 与美国波士顿大学、美国国立卫生研究院过敏与传染病研究所（National Institute of Allergy and Infections Diseases，NIAID）、英国维康信托基金会等于 2016 年建立了新型的全球合作机制——CARB-X，旨在利用 BARDA 提供的 4.55 亿美元及维康信托基金会匹配的资金，加速开发 20 多个高质量的抗菌产品，并将其推进到临床开发阶段[9]。2017 年 7 月 23 日，CARB-X 宣布第二批资助项目，包括：①5 个抗革兰氏阴性菌的在研新型抗生素；②用于治疗耐药性淋病的新疗法；③靶向囊性纤维化患者严重感染超级细菌的新分子；④1 个新的口服广谱抗生素临床 1 期试验。这些研究由印度、爱尔兰、法国、瑞士、美国、英国的科学家完成，共资助 1760 万美元[10]。

但目前抗菌药开发的经济形势不乐观。除了降低开发成本的"推力"激励之外，还需要为开发此类药物的公司提供"拉力"激励，为他们的投资提供可预测的回报。生物盾牌计划为开发此类产品的公司提供了强大的"拉力"激励。当这种激励手段与 BARDA 高级研发项目所提供的"推力"相结合后，形成了一种高效的医疗对策研发管线，从而激励公司继续开发此类产品并将其投入市场。

应对抗生素耐药性，开发广谱抗生素和感染性疾病诊断方法及临床对策研究，是生物盾牌计划未来的资助重点之一。

7　RECELL System Approved to Treat Severe Burns.

https：//www.empr.com/news/severe-burns-spray-on-skin-cells-recell-donor-skin-healing/article/801685/，2018-09-21

8　U.S. FDA Designates Mallinckrodt's StrataGraft® as Regenerative Medicine Advanced Therapy.

https：//www.prnewswire.com/news-releases/us-fda-designates-mallinckrodts-stratagraft-as-regenerative-medicine-advanced-therapy-300489200.html，2018-07-18

9　Outterson K，Rex JH，Jinks T. Accelerating global innovation to address antibacterial resistance：introducing CARB-X. Nature reviews drug discovery，2016，15（9）：589-590.

10　CARB-X awards \$17.6 million to fund new antibiotic development.

http：//www.cidrap.umn.edu/news-perspective/2017/07/stewardship-resistance-scan-jul-25-2017，2017-07-25

三、未来发展面临的问题

尽管生物盾牌计划提高了美国应对突发紧急情况的能力，但该计划的未来发展面临经费不稳定、存在潜在的法律问题等。

（一）经费不稳定

根据相关法案拨给生物盾牌计划的拨款并不属于国会的年度拨款。计划成立初期的拨款到2013年到期，而2013年颁布的"大流行全危害再授权法案"（PAHPRA）拨给该计划2014～2018财年的28亿美元拨款是分年度拨的，但是实施过程中该计划只获得了应拨款中的一部分，即20.344亿美元。BARDA无法准确预测每年能获得多少拨款，这使本就复杂的医药采购计划变得更加难以制定。

此外，许多在激励手段刺激下从事CBRN医疗对策研发的公司本身并没有可以在市场上销售的产品，这些公司的产销渠道非常有限，尤其是对于那些收入严重依赖政府采购的公司，想要持续开发此类产品的难度更大。因此支持多家公司开发同一款特定医疗产品可以促使这些公司展开竞争，有助于激励创新、降低价格。但是，经费不稳定难以支持多家公司生存。如何有效地鼓励企业发展创新，同时又能使政府采购价格合理化，一直是生物盾牌计划可持续发展面临的困境。

（二）潜在的法律问题

医疗对策开发机构面临的另一个挑战是他们不确定自己的产品会在何时何地以何种方式投入使用。越来越多的学者认为，一旦CBRN威胁发生在其他国家，生物盾牌计划储备的产品也可以投入使用，从而引发了对这些实验性产品的法律责任和不确定性的担忧，如按照相关法案，生物盾牌计划资助开发的产品在美国本土或海外领地发生紧急情况时使用是合法的，但是如果用到其他国家，则会产生法律问题，这对于那些医疗对策开发公司来说是一种潜在的威胁。对受到CBRN威胁的其他国家，可能需要临时采取只针对紧急事件应对行为的豁免政策，紧急事件发生时可以授权使用相应医疗对策产品，事件结束后则不能再使用。因此，亟待出台保护开发人员海外权利的相关政策，以便实现对这类威胁的全球化应对。

总体上，美国通过立法为生物盾牌计划提供较充足的经费。该计划利用这些经费鼓励美国国立卫生研究院过敏与传染病研究所开展针对CBRN威胁的基础研究，同时通过"推拉"双重机制，吸引科研机构、医药与生物技术企业参与到生物恐怖威胁相关的医疗对策研发中，促进医疗应对措施产品的临床试验与上市应用，实现高级产品研发的集成转化和规模化生产，有效提升了美国生物防御研究与产业转化能力，增强了美国应对CBRN大规模杀伤性武器和新发突发传染病威胁的能力。另外，生物盾牌计划建立的EUA程序，授予卫生与公共服务部、国土安全部主管领导使用EUA的权力，解除了紧急情况下阻碍决策和采取紧急应对措施的法律束缚，提高了行政效率，有力地推动了美国生物防御管理体系的完善。未来，生物盾牌计划将继续推动相关成果的转化，推动新型医疗对策的后期开发和采购，以应对其他威胁。

传染病传播无国界，寨卡病毒和其他可能大规模传播的病毒的出现使新兴传染病领域越来越受到重视。由于难以预测未来大规模流行病可能造成的危害，为保证能持续地应对这些威胁，迫切需要不同的市场激励措施。生物盾牌计划与企业合作的丰富经验为其他国家（包括我国）应对新兴传染病等重大安全威胁提供了重要的借鉴。

（中国科学院上海生命科学研究院　阮梅花）

第十一章

合成生物与生物安全

一、合成生物安全研究的重要意义

生命过程极其复杂，人们也一直致力于认识生命的机制，实现人工设计和改造具体的生命过程，以期更好地为工农业、环境保护和医疗健康服务。20 世纪 50 年代，沃森和克里克发现 DNA 的双螺旋结构，并提出了遗传信息传递的中心法则，将人类对生命机制的认识带入了分子时代，是生命科学研究第一次革命的里程碑。第二次革命的里程碑则是由测序技术的发明而促成的 "人类基因组" 计划，将人类对生命的认识推进到了组学时代。基于数学、物理学、计算科学、工程科学与生命科学的深度融合，合成生物学促使生命科学从观测性、描述性、经验性的科学，跃升为可定量、可预测、工程性的科学，推动了从认识生命到设计生命的质的变革，带来了生命科学领域的第三次革命[1, 2]。合成生物学理论和方法的引入，不仅颠覆了当前生命科学的研究范式，也将极大提升人类对生命工作原理的理解与操控，将可能为解决人类社会面临的一系列社会、资源、环境等重大挑战提供新的解决方案。

随着合成生物学的快速发展，生物体的人工合成与改造变得越来越容易[3, 4]。早期的合成生物学家仅能设计具有两三个基因的按键式基因开关或振荡器，而现在在工程学及计算机设计的指导下，利用高效的 DNA 合成组装技术，合成生物学已能设计包含十数个基因的复杂基因程序（图11-1），赋予合成生物各种崭新的生物学功能，如青蒿素、紫杉醇、鸦片等植物药物成分的微生物合成[5-7]、肿瘤的人工 T 细胞治疗[8]、智能生物发酵控

1　张春霆. 合成生物学研究的进展. 中国科学基金，2009，23：65-69.

2　刘夺，杜瑾，赵广荣，等. 合成生物学在医药及能源领域的应用. 化工学报，2011，62：2391-2397.

3　Carlson R. The changing economics of DNA synthesis. Nat Biotechnol，2009，27：1091-1094.

4　Seyfried G，Pei L，Schmidt M. European do-it-yourself（DIY）biology：beyond the hope，hype and horror. Bioessays，2014，36：548-551.

5　Martin V J，Pitera D J，Withers S T，et al. Engineering a mevalonate pathway in Escherichia coli for production of terpenoids. Nat Biotechnol，2003，21：796-802.

6　Ajikumar P K，Xiao W H，Tyo K E，et al. Isoprenoid pathway optimization for Taxol precursor overproduction in *Escherichia coli*. Science，2010，330：70-74.

7　Galanie S，Thodey K，Trenchard I J，et al. Complete biosynthesis of opioids in yeast. Science，2015，349：1095-1100.

8　Wu C Y，Roybal K T，Puchner E M，et al. Remote control of therapeutic T cells through a small molecule-gated chimeric receptor. Science，2015，350：aab4077.

计算与设计　　　　　　合成与组装　　　　　　　人工合成生物

图11-1　在计算机设计的指导下，利用高效自动化的DNA合成与组装技术，可设计合成具有复杂基因程序的合成生物

制[9]，甚至通过基因组全人工合成实现"人造生命"[10-12]。但是合成生物学家通过设计与改造赋予了合成生物超越自然生命体的特殊能力的同时，也暗示着其有可能产生巨大的破坏性。如果不予以正确的引导和规范，合成生物也有可能在生态、健康、生物恐怖等方面产生巨大的生物安全隐患，并可能造成生命伦理问题。

近年来合成生物的应用范围日益广泛，合成生物的安全性也正逐步引起人们的关注甚至担忧。合成生物学家在设计与改造合成生物的同时，也需要针对合成生物可能存在的生物安全问题进行研究，加强对合成生物在有毒代谢物合成、恶性快速生长、自然环境逃逸等安全性方面的人工控制能力。伴随着合成生物超越自然的能力逐渐增强，国际上越来越多的合成生物安全性的控制研究也正在展开[13]。然而我国在合成生物的安全性领域纸上讨论较多，实际合成生物安全性的控制研究活动很少。因此，我国合成生物的生物安全防控研究是亟待解决的重大问题，亟须加强合成生物安全性防控的研究，实现可控的人工生命进程，把不安全因素降到最低，确保合成生物在工业、环境、人类健康等领域的应用过程中是安全的、可控的。

二、合成生物安全的现状与问题

随着合成生物学的迅速发展，合成生物的安全性问题也日益突出。许多研究者和相关专业人员都倾向于认为新技术是可控的，其扩散是可预计的。然而，成瘾化合物合成技术与核技术的历史经验告诉我们，必须警惕新技术可能带来的社会风险。与两者相比，合成生物学带来的社会风险甚至更大。对于一个生命体而言，其具有自我繁殖、突

9　Zhang F，Carothers J M，Keasling J D. Design of a dynamic sensor-regulator system for production of chemicals and fuels derived from fatty acids. Nat Biotechnol，2012，30：354-359.

10　Hu X，Rousseau R. From a word to a world：the current situation in the interdisciplinary field of synthetic biology. PeerJ，2015，3：e728.

11　Wang Y H，Wei K Y，Smolke C D. Synthetic biology：advancing the design of diverse genetic systems. Annu Rev of Chem Biomol Eng，2013，4：69-102.

12　Gibson D G，Glass J I，Lartigue C，et al. Creation of a bacterial cell controlled by a chemically synthesized genome. Science，2010，329：52-56.

13　Wright O，Stan G B，Ellis T. Building-in biosafety for synthetic biology. Microbiology，2013，159：1221-1235.

变进化并适应环境等非生命体所不具备的特征，因此具备这些特征的人工改造生命体在缺乏有效的人工控制情况下有可能产生极其严重的后果。

（1）合成生物的人工生物元件可能对人类或其他生物和生态环境的安全性产生潜在威胁。例如，人工改造的细菌往往导入抗生素抵抗基因而便于人工筛选，如果这些细菌被释放到环境中，这些被导入的抗生素抵抗基因有可能通过基因的水平转移（horizontal gene transfer）被致病菌获得，从而使致病菌具有抵抗抗生素的能力，给细菌感染的治疗造成很大的困难。同样的机制，基因的水平转移有可能让致病菌通过获得某些特定的基因而导致更强的致病能力。人工改造的细菌也有可能由于代谢通路的改变而产生预期外的新毒素，使非致病菌转变成致病菌，危害人类的健康。

（2）合成生物的代谢产物可能存在生物安全隐患。当前的合成生物技术已经能够实现将常见的化学品（如葡萄糖）合成为违禁药品（如鸦片类分子、高毒性分子）。例如，鸦片分子合成的研究中需表达14个关键功能基因元件，如果对这些功能基因元件没有严格的控制，限制其合成与使用，那么就有可能出现滥用合成生物造成生物安全隐患的情况。同时青蒿素、紫杉醇、依托泊苷等药物分子合成途径的发现展示出合成生物学解析复杂化合物天然合成路径的能力持续增强。复杂药物分子的生物合成途径的成功实现，揭示了生物组合合成有可能产生全新的自然界不存在的生物分子。新生物分子的生物合成带来的潜在生物安全问题，亟需全社会的关注。

（3）合成生物体有可能对环境产生潜在生物安全威胁。合成生物超越自然生物的特殊功能可以解决环境污染物的微生物降解难题，为环境污染物降解的研究开辟新的途径。例如，针对砷、镉、铬等重金属、放射性金属等环境污染物，利用生物吸附、氧化还原脱毒等机制，构建环境污染物的合成生物体系[14]；针对有机化合物代谢途径，通过合成生物学技术构建新型合成生物体系，降解石油烃、2,4,6-三氯酚及有机磷农药等污染物[15]，实现有害有机化合物的快速降解。然而人工改造生命体通常具有普通生物体所不具有的生存优势，如果逃逸到自然环境中，有可能因没有限制而无限增殖，进而通过改变物种间的竞争关系而破坏原有的自然生态平衡，甚至取代其他物种，导致生物物种多样性发生无法挽回的损失[16]。另外，由于生态环境的多样性，在某个生态条件下人工改造生命体无害，在另一个特殊的生境中却有可能会变得有害。因此，合成生物的环境生物安全威胁防不胜防。

（4）合成生物还有可能被用于制造新的生物武器。合成生物技术的发展使得利用烈性传染病菌和病毒制造危害巨大的生物武器成为可能。2005年，美国疾病控制预防中心成功合成了西班牙流感病毒，该病毒在1918年暴发并造成了全球大约5000万人死亡[17]。

14　Chen F, Cao Y, Wei S, et al. Regulation of arsenite oxidation by the phosphate two-component system PhoBR in *Halomonas* sp. HAL1. Front Microbiol, 2015, 6: 923.

15　Liang B, Jiang J, Zhang J, et al. Horizontal transfer of dehaloge- nase genes involved in the catalysis of chlorinated compounds: evidence and ecological role. Criti Rev Microbiol, 2012, 38: 95-110.

16　de Lorenzo V. Environmental biosafety in the age of synthetic biology: do we really need a radical new approach? Environmental fates of microorganisms bearing synthetic genomes could be predicted from previous data on traditionally engineered bacteria for in situ bioremediation. Bioessays, 2010, 32: 926-931.

17　Tumpey T M, Basler C F, Aguilar P V, et al. Characterization of the reconstructed 1918 Spanish influenza pandemic virus. Science, 2005, 310: 77-80.

2012年，美国和荷兰的科学家分别发现通过改造H5N1禽流感病毒，可以使之获得在哺乳动物雪貂中传播的能力[18,19]。2013年，中国农业科学院哈尔滨兽医研究所等单位报道了通过将H5N1禽流感病毒和甲型H1N1流感病毒重组，构建了127种重组病毒；重组后的某些病毒具备通过空气（气溶胶）[20]传播的能力。虽然这些实验是在严格的生物安全隔离措施下完成的，不存在安全泄漏的危险，但是这些成功的病毒合成也给予我们警示。可以预期，随着合成生物学技术的不断发展，在不久的将来，以天然病毒组为参照，个人完全有能力合成具有烈性传染能力的病毒。如果恐怖分子利用合成生物学的技术发展生物武器，那么破坏能力将难以估量。

因此，传统的公共卫生与传染病防治政策已不足以应对当前合成生物研究被不恰当利用所可能造成的社会威胁，尤其是合成生物学受到工程学和计算机科学的影响，相比其他生命科学领域更加注重技术标准的兼容性和数据、材料的共享开放。这些对于合成生物学早期的快速发展来说是关键的催化因素，但是随着合成生物学的成熟与扩散，兼容度高的技术标准与开放的材料和数据资源会带来一定的社会风险，特别是考虑到有可能利用合成生物学技术制造病毒或者烈性致病菌等生物武器。规避合成生物的社会风险需要的不仅仅是研究人员的自律，还需要相关领域专家的广泛参与。合成生物研究应该大力发展，但也不应不受约束。2015年初，美国政府叫停了通过改变流感病毒使其更具传播性或致死性的功能获得性（gain-of-function）研究，以便专家根据相关风险评估研究的利弊，此外还要求少数正在进行此类研究的研究人员自发中止，这可被视为对于合成生物研究生物安全风险问题的一个重要举措。

三、合成生物的生物安全性研究策略

目前，对于合成生物的生物安全性的防控通常采用物理隔离的方法，即把人工改造的生物体通过各种方法局限在一个可控的空间范围内，阻止其扩散到非可控的区域。但是，所有隔离措施都无法保证这些人工改造的生物体可被完全、永久性地隔离于可控范围内，仅仅是一个小小的意外事故或者操作失误都会导致逃逸的发生。另外，由于合成生物设计与改造越来越方便，没有安全管理的业余合成生物学爱好者或一些恶意生物恐怖分子都有可能对合成生物安全造成巨大危害。加之，目前采用的营养缺陷和毒素拮抗等生物隔离方法也因DNA重组突变的发生而非常容易失去控制。因此，对合成生物的安全性防控不能只着眼于有限的"防"，而应该利用相关的技术策略将"控"植入合成生物本身。为保证合成生物更加完善的生物安全性，可通过合成生物学的技术设计，阻止人工改造生命体在非可控条件下的复制、增殖、遗传信息的转移和非控制性进化及环境适应，在技术层面实现人造生命体的完全生物性隔离。为了达到合成生物的生物隔离目的，可以采用多种的技术设计策略。

18　Imai M，Watanabe T，Hatta M，et al. Experimental adaptation of an influenza H5 HA confers respiratory droplet transmission to a reas-sortant H5 HA/H1N1 virus in ferrets. Nature，2012，486：420-428.

19　Herfst S，Schrauwen E J，Linster M，et al. Airborne transmission of influenza A/H5N1 virus between ferrets. Science，2012，336：1534-1541.

20　Zhang Y，Zhang Q，Kong H，et al. H5N1 hybrid viruses bearing 2009/H1N1 virus genes transmit in guinea pigs by respiratory droplet. Science，2013，340：1459-1463.

（1）建立标准化合成生物元件库。合成生物学发展的核心思想是基于标准化的生物元件设计，通过标准化的生物元件组合来实现新的生物学功能。按照生物元件功能，进行生物元件的安全性评级，对于具有安全风险的生物元件进行标签设计并限制其信息公开。如果具有安全风险的生物元件构建的合成生物被恶意使用或者无意泄漏到环境中，可以通过标签的识别迅速鉴定所使用的生物元件，通过事先设定的方法来摧毁这些生物元件，从而快速消灭失控的合成生物。

（2）设计精准化人工调控的合成生物元件。实现合成生物元件的人工绝对控制，并设计相关策略阻止合成生物在进化压力的驱动下失去人工控制，防止改造生物体逃逸人工控制。目前，已有研究将必需基因的启动子更换为需要人造化学分子诱导的启动子，在添加特定的人造化学物质时才能诱导表达，并通过特异位点重组酶来保证人工调控的绝对性[21]。另外设计最小基因组的人工合成生物，其任何部件都是必需的，而且细胞只展现部分生命特征，因此缺乏进化适应不同环境的内在素材，只能在特定的环境中生存，可被视为安全的生物个体[22]。但是由于环境条件的复杂性和物种间遗传信息交流的可能性，仍需要关注其在不同的实际环境中的潜在行为和影响。

（3）创建正交化合成生物元件，预防人工合成生物与自然生物的遗传信息交换。例如，采用20种天然氨基酸以外的非天然氨基酸置换生命进程必需酶中的天然氨基酸[23,24]；设计合成非天然的核苷酸或者具有同天然核酸完全不同的化学骨架的核酸（xeno-nucelic acid, XNA）来取代天然核苷酸或者核酸[25,26]。拓展新的密码子语言，并设计与之对应的新tRNA和酶系统，产生一个不同于自然的新人工遗传系统，可以实现有效的生物隔离，甚至设计完全不同于自然属性的人工合成生物体系。自然界中生物利用的氨基酸（除了无属性的甘氨酸）基本上是左旋，仅有极少量右旋存在于原核生物中，而DNA和RNA都是右螺旋。Church[27]等提出设计利用右旋氨基酸和左螺旋DNA/RNA的生命体，这种生命体可以实现生物隔离。这些新的合成生物设计理念和研究方向，虽然目前在技术实现上有很大的难度，但是可以有效实现自然生物隔离，相关研究应该引起足够的重视和关注。

21　Cai Y, Agmon N, Choi W J, et al. Intrinsic biocontainment: multiplex genome safeguards combine transcriptional and recombinational control of essential yeast genes. PNAS, 2015, 112: 1803-1808.

22　Juhas M. On the road to synthetic life: the minimal cell and genome-scale engineering. Crit Rev Biotechnol, 2016, 36（3）: 416-423.

23　Hoesl M G, Budisa N. In vivo incorporation of multiple non- canonical amino acids into proteins. Angew Chem Int Ed Engl, 2011, 50: 2896-2902.

24　Mandell D J, Lajoie M J, Mee M T, et al. Biocontainment of genetically modified organisms by synthetic protein design. Nature, 2015, 518: 55-60.

25　Yang Z, Hutter D, Sheng P, et al. Artificially expanded genetic information system: a new base pair with an alternative hydrogen bonding pattern. Nucleic Acids Res, 2006, 34: 6095-6101.

26　Schmidt M. Xenobiology: a new form of life as the ultimate bio- safety tool. Bioessays, 2010, 32: 322-331.

27　Church G M. Regenesis: How Synthetic Biology Will Reinvent Nature and Ourselves. New York: Basic Books, 2012.

四、合成生物的生物安全性政策与法规建议

人工合成生物的设计可以帮助规避生物技术带来的安全性风险，但仅仅是技术层面的设计策略是远远不够的，需要政府制定相关的政策和法规来规范相应的研究。目前我国的合成生物学研究发展迅速，根据我国国情和实际需要，提出以下建议，希望合成生物研究在我国安全而快速地发展，更好地为国民经济建设服务。

（1）针对合成生物的安全性必须建立健全的、规范的技术指南和国家层面的安全法规，对于任何合成生物的研究必须满足规定的安全要求和遵守严格的安全程序。通过规范的培训体系提高相关研究人员的安全意识，增强科研人员的道德修养和自律性，确保相关工作人员健康安全和环境生态安全，使得合成生物技术在安全、可控的范围内为人类社会服务。

（2）搭建具有国际先进水平的合成生物元件库。要在合成生物元件公布之前进行合理的审查并进行注册，严格管理DNA合成服务，规范合成生物学的生物元件库和公众共享资源，在合成生物实际生产中要建立科学的监控措施，规范合成生物的安全和生态隔离级别。

（3）设立合成生物的安全性评审机构，建立完善系统的评估制度。加强人工合成生物体的复制特性、细胞嗜好性、宿主范围、毒力变化、遗传稳定性，以及对环境和生态的影响评估，对合成生物的研发、生产和应用各个环节进行评估和监控，制定合理的防控技术方案与管理政策，以确保符合安全要求的合成生物研究和生产可以正常进行。

（4）建设人工合成生物的生物安全性的科普平台。建立权威的科普宣传平台，提高公众的认知程度，既要让公众认识到合成生物不是洪水猛兽，也要让公众了解合成生物安全性保障的必要。

（5）面对复杂的国际形势，建立国家层面的合成生物安全应急委员会，应对合成生物突发的严重生物安全事件。积极参与并主导国际合成生物安全相关科学工程计划的研究与开发，从国家层面参与世界性生物安全法规和条例的制定，扩大我国在相关规则制定上的话语权。

五、结束语

任何技术的发展都可能是一把"双刃剑"，合成生物学作为一种新兴的、先进的科学技术，其研究与应用也有可能为社会带来安全隐患[28]。建立一套科学规范的生物元件注册、监管机制是确保合成生物学健康发展、合理应用，避免生物安全威胁的有效措施。现阶段合成生物的研究在世界范围内还处于初始阶段，其生物安全性也是一个逐步认识和完善的过程，相信通过积极探索，研究更加安全合理的设计策略，一定可以最大限度地保证合成生物的生物安全性，让合成生物技术更好、更安全地为人类服务。

（中国科学院天津工业生物技术研究所

马延和　江会锋　刘　君　王钦宏　李　寅）

（中国科学院微生物研究所　娄春波　付　钰）

28　翟晓梅，邱仁宗. 合成生物学：伦理和管治问题. 科学与社会，2014，（4）：43-52.

第十二章

关于功能获得性研究的争议焦点及出路探寻

功能获得性研究（Gain-of-Function research，GoFR）尚未有统一定义。普遍认为，GoFR可能会生成毒性和传播能力更强的病原体而让人类置于巨大的风险之中。威斯康星大学麦迪逊分校河冈义裕和荷兰鹿特丹伊拉斯姆斯大学医学中心荣·费奇领导的团队分别开展了H5N1病毒株突变的相关研究，将GoFR变成全球关注的焦点问题之一。

一、"功能获得性研究"的定义

澳大利亚墨尔本莫纳什大学人类生物伦理中心教授迈克尔·J.塞尔加尔认为，凡涉及增强病原体传播能力及毒性的实验研究均可归类为GoFR。美国约翰·霍普金斯大学环境健康与工程教授汤姆·英格勒斯贝认为，目前公众所认知的"功能获得性"（Gain-of-Function，GoF）这一术语可追溯至2012年。在生物安全领域及学术界，GoFR并非新概念。生命科学领域对功能获得性突变研究较多，GoFR也常指涉及基因突变后引起某种功能变化的研究。2004年，塞尔加尔等学者在美国国家科学研究委员会报告中将GoFR划归为两用性研究（due use research，DUR）的子领域之一。但DUR这一概念过于宽泛，因技术的使用主体意愿难以确定，任何技术因主体的恶意目的而产生消极后果，都可被纳入两用技术的范围之中。之后，有关方面提出"值得关注的两用性研究"（dual use research of concern，DURC）这一限定性概念，意指可能带来严重后果的生物技术研究，即生命科学研究领域中能被用于制造新一代人规模杀伤性武器的生物技术[1]。DURC遂成为21世纪生命科学政策领域的热门话题，各家围绕实验研究是否为生物武器的制备提供暗示和指导这一问题争议不断。2001年关于鼠痘病毒超级病毒株的基因工程研究、2002年以化学成分为基础通过合成基因组学人工合成脊髓灰质炎活病毒的相关研究、2005年通过合成基因组学重组1918年西班牙流感病毒的相关研究都曾引起多方讨论。上述研究的开展尚属合法，但仍有不少学者对研究开展及研究成果公开出版的合理性提出质疑，他们认为将此类研究成果公之于众，无异于为生物恐怖分子如何利用危险性病原体制备生物武器提供了详细说明。2012年科学家对可在雪貂间传播的高致病性H5N1禽流感病毒株的研究最具争议性。该研究向全世界抛出了另外一个问题：H5N1

1　Selgelid M J．Gain-of-Function research：ethical analysis．Sci Eng Ethics，2016，22（4）：923-964．

禽流感病毒是否会自然进化成可在人间传播的病毒株，引发全球流感大流行？之后，美国国家生物安全科学顾问委员会建议，将研究结果部分修改之后出版，公布重要发现，隐藏具体材料及研究方法。但事与愿违，相关手稿几乎被全文刊载，由此引发公众对GoFR的广泛关注。随后美国国立卫生研究院（National Institutes of Health，NIH）召集各界人士就相关话题展开了一次广泛讨论，GoF这一术语正式取代"生成具有高致病性和快速传播能力"等描述性词汇。至此，GoFR成为生命科学和生命伦理学领域的靶点和焦点问题之一。

二、功能获得性研究进展

2011年12月，河冈义裕和荣·费奇领导的团队分别对有关H5N1病毒株突变的情况进行了研究。河冈义裕及其团队将H5N1病毒株的血凝素基因与2009年流行的H1N1病毒基因融合，生成了一种传播性更强，但致死性弱化的新型病毒。荣·费奇及其团队则构建了一种可以直接在雪貂间传播的高致病性H5N1突变病毒株。2013年5月，美国《科学》杂志网络版刊发了中国哈尔滨兽医研究所张莹（第一作者）和陈化兰（通讯作者）共同发表的文章《含有H1N1甲流病毒基因的H5N1融合病毒在豚鼠间经呼吸道飞沫传播》。该文章称，H5N1病毒有可能通过与人流感病毒（甲型H1N1流感病毒）的基因重配获得在哺乳动物之间经空气高效传播的能力[2]。2015年11月，《自然·医学》杂志刊发了中美两国科学家联合撰写的论文，称其制造出一种嵌合的蝙蝠冠状病毒。在该论文涉及的相关研究中，团队人员利用SHCO14病毒的表面蛋白和SARS病毒的骨架蛋白创建了一个嵌合病毒——SHCO14-CoV。研究表明，该病毒可在蝙蝠和人类之间传播，目前尚无有效药物可以控制和治疗。2017年11月，由日本医学研究与发展机构、日本文部省及美国国立过敏与传染病研究所等机构联合资助的跨国合作研究发现，HPAIH7N9病毒引入神经氨酸苷酶抑制剂（nueraminidase inhibitor，NAI）的敏感性或抗性突变，可创造出2种变体。该病毒能通过呼吸飞沫在雪貂之间传播。2018年2月，美国加州拉霍亚市斯克里普斯研究所分子医学系彭文杰（Wenjie Peng）和金鲍曼（Kim M. Bouwman）等研究人员在《病毒学杂志》发表《K193T可增强雪貂间传播的H5N1流感病毒结合人类受体的能力》一文。该文章称，H5N1流感病毒经某些突变后对人类受体具有特异性，且在雪貂间经飞沫传播的能力增强[3]。

三、功能获得性研究的争议焦点

功能获得性研究可获得人际间传播的高致病性病原体，一旦此类病毒发生实验室逃逸，将对人类安全带来巨大威胁。再者，研究成果的公布可能会成为某些恶意行为体进行不法活动的参考和蓝本，造成生物安保问题。功能获得性研究的潜在风险和收益、采取何种模式对风险效益进行合理评估及如何破解此类研究带来的伦理困境是各方争议的焦点所在。

2 夏晓东，王磊. 全球生物安全发展报告（2016年度）. 北京：军事医学出版社，2017：38.

3 Peng W, Bouwman K M, McBride R, et al. Enhanced human-type receptor binding by ferret-transmissible H5N1 with a K193T mutation. J Virol, 2018, 92（10）：e02016-17.

（一）功能获得性研究的潜在风险被低估

GoFR 在生物安全及生物安保等方面的潜在风险是其屡遭诟病的原因所在。

（1）实验室生物安全是常被忽略的一个因素。基于历史因素，工作人员在实验室遭遇病毒感染常被划归为职业健康的范畴，但 GoFR 涉及毒力和传播能力被增强的危险病原体，工作人员在被感染之后与外界的接触有可能在全球范围内引发疾病大流行。以历史数据为依据，每家实验室发生事故的风险为 0.01% ～ 0.1%/年，全职员工承担实验室事故风险的概率为 0.05% ～ 0.06%/2000h。预估高危流感病毒株等功能获得性实验生成的高危病原体发生实验室逃逸事件，引发大规模流行，可能会导致全球 2000 万～ 16 亿人死亡[4]。

（2）生物安保。病毒自身的特性及使用主体的主观意志是影响生物安保问题发生概率的重要因素，故而很难对 GoFR 的生物安保潜在风险做出准确评估。严格的病毒使用规则和要求及研究人员的高度自制能减少病原体的使用漏洞，降低危险病原体被恐怖主义或不法分子谬用的风险。但相关病原体一旦被恶意使用，其造成的后果将是全球性的。

（3）GoFR 的不规范开展。因商业及某种政治、军事利益驱使，某些机构或国家可能会在条件不成熟的情况下开展 GoFR，如监管体系不健全、实验室安全等级不够、各项配套设施不足、科研人员能力学识水平不高等，任何一个因素都有可能带来严重后果。

（4）信息风险。《科学》和《自然》杂志几乎全文出版荣·费奇等科学家提交的手稿，详细介绍了其研究团队如何合成能在哺乳动物之间传播的 H5N1 型禽流感病毒株，这不仅证明了 H5N1 病毒在哺乳动物之间传播的可能性，也提供了生成该病毒的详细信息。研究成果的出版和扩散使得技术获取变得更加简单，可能会为非国家行为体或恐怖组织滥用生物技术提供指导，增加相关研究的潜在风险。

（5）农业风险。GoFR 产生的病原体功能被强化，如果此类病原体被无意或有意释放到畜牧动物种群中，将对动物农业带来一定的健康风险。人类与动植物处于一个相互关联的生物链中，农业所受的影响最终会波及人类自身。

（6）经济风险。病原体意外或故意释放可能会导致机会成本上升，实际收益远低于机会成本，造成资源浪费。疾病流行带来的经济损失很大。以美国的季节性流感为例，每年有 5% ～ 20% 的人患流感。2010 ～ 2018 年，全美患病人次达 930 万～ 4900 万，住院人次达 14 万～ 96 万，死亡人数在 1.2 万～ 7.9 万，带来的直接和间接经济损失不计其数[5]。

（7）公信力弱化。GoFR 的潜在风险要求开展研究的机构及实验室必须具备一定的资质，达到相应的安全等级。病原体意外或故意泄漏可能会导致公众恐慌，造成科技企业乃至国家机构等行为主体的公信力弱化。

---

4 Selgelid M J. Gain-of-Function research：ethical analysis. Sci Eng Ethics，2016，22（4）：923-964.

5 CDC. Disease Burden of Influenza[2018-11-13].

https：//www.cdc.gov/flu/about/burden/index.html

（二）功能获得性研究的预期效益存在不确定性

GoFR的潜在益处集中体现在深化人类对生命科学的认知、疾病监测、检测、预测，以及在疾病治疗和疫情响应等方面。

（1）深化科学认知。多数持正面观点的科学家认为，开展GoFR能进一步深化对病原体及疾病本身的科学认知，为人类战胜疾病提供途径和支撑。很多相关的病毒研究实验都是基础性的，对于了解病毒的生物学、生态学特征及致病原理很有必要。在实验室开展GoFR也是全面了解自然的途径之一。但GoFR可能生成毒性和传播能力更强的病原体，一旦发生意外感染或病毒逃逸事件，事态将不可控，也会将全球人类的生命安全置于风险之中，有悖"不伤害"的伦理原则。伦理学家建议充分考虑替代方案，如开展功能缺失性研究。有的学者以流感病毒为例，提出高致病性流感病原体与低致病性流感病原体在病毒复制和趋向性动力学方面存在差异，由此可能会造成数据出现差错，认为功能缺失性研究不能全面反映某一基因变化带来的功能变异而否定功能缺失性研究的意义。GoFR在探究病毒本质特性的意义及必要性成为各家讨论的焦点问题之一。

（2）生物监测。开展GoFR，公布及传播研究成果的目的之一便是深化人类对病毒本身的了解，以协助相关部门尽早识别具有潜在流行能力的病毒株，对包括农业、家畜及野生动物在内的地球生态展开全方位卫生监测，实现疫情预警，并为疫情应对争取时间，辅助决策过程。但上述情况过于理想，GoFR在监测方面的应用效果实则很有限。自然界中具备潜在流行能力的病毒株往往有别于经过修饰之后的病毒特性，且目前国际上的监测系统远未达到自动识别病毒关键序列的能力。

（3）医疗对策。改善疾病治疗、疫苗及诊断措施是GoFR得以开展的重要原因。因抗性机制的形成导致逃逸突变生成耐药菌株，这是目前惯用医疗对策面临的难题之一。可通过GoFR探究抗病毒药物环境中的病毒进化，进一步分析抗病毒药物和单克隆抗体的分子基础。以流感病毒研究为例，GoFR有助于阐明引发SARS备选疫苗产生副作用的生物学基础，为安全疫苗的研发扫清障碍。但疫苗生产人员在对功能获得性研究是否是疫苗改进的必要手段这一问题上有不同见解。人们对于基因表型测序的应用和依赖从需求的角度将GoFR置于更基础、更重要的位置。基因型与表型对应关系的建立越来越全面，除疫苗株之外，也能保存某些特定的病毒特性，很多未表达的功能是好是坏尚不可知。再者，GoFR的成果是长期性的，成果价值的体现具有滞后性，病毒本身的变异速度可能远远快于疫苗及诊疗措施成型的速度。GoFR对预防疫苗产出的积极影响应进一步深入探讨，对GoFR的益处不能言过其实。

（4）决策信息支撑。GoFR产生的信息及知识也可用于风险评估。美国疾病控制与预防中心建立了流感风险评估工具，对某些特殊病毒的潜在风险进行评估和排序。该工具的建立和应用并非只是预测未来流感大流行的发生时间，而是对可能引发流感的病毒进行优先排序，为做出各项合理有效的应对措施争取时间。该工具关注的是病毒特性，如病毒宿主是哺乳动物还是鸟类；是否会在动物模型中表现出传播特征；是否存在与传播性相对应的分子标签；是否存在基因变异；所有相关信息，尤其是与传播性相关的分子决定因子都可通过GoFR获取。但科学研究成果应用的滞后性仍是其取得最佳效果的瓶颈所在。

（三）功能获得性研究风险效益评估模式不合理

定量指标结合定性描述对某一技术进行价值和风险评估，是目前常用的风险效益评估方式之一，但这一评估模式并不适用于GoFR。GoFR涉及的各类情况存在诸多不确定性、复杂性及未知情况。再者，GoFR产生伤害的可能性及伤害大小也受制于恶意行为体。如果基于定量评估，研究数据存在不确定性和未知因素，导致输入数据的质量偏低，直接削弱了评估结果的可信度和可靠性。对于GoFR潜在受益的评估，定性评估要优于定量评估。但在定性评估中，个人主观因素依然难以把控。风险-效益评估在GoFR相关事务的决策过程中具有一定的参考价值，但并非是解决复杂问题的万金油。

（四）功能获得性研究深受伦理问题困扰

研究结果带来的风险和收益对每个人都是公平且公正的，是科学研究符合伦理要求的标准之一。在生命科学领域，"公正"原则涉及分配公正、程序公正和回报公正。收益和负担的合理分配，意味着分配公正。GoFR带来的风险涉及全人类，但受益人群存在国家、阶层及地域差异。社会公众在GoFR程序审查和监管过程中的参与度并不高，程序公正尚待斟酌。再者，部分承担了巨大风险的民众和研究人员应该得到相应的回报，但回报实现和给予的时间及形式都未知。如在H1N1流感大流行中，仅2009年上半年，疫情就波及73个国家。2002～2003年SARS事件中，26个国家深受影响。但与之相反的是，科学研究带来的益处很难惠及所有人，疫苗、诊疗手段、疾病监测和基础设备等的更新和应用也相对滞后。是否每个承担了研究风险的人都能从中获益，取决于全球卫生安全治理、商业利益、政治意愿及辅助资源建设的水平等因素。

四、对策建议

GoFR因其在收益和风险方面的诸多不确定性引发社会各界对相关问题的关注和讨论。如何走出困境，协助利益攸关方面处理GoFR带来的两难境地，政府应加强对研究及研究成果出版和传播的监管，将实验室安全上升至伦理范畴，重视国际合作，综合吸纳多方意见和观点，方能为正确决策提供支撑。

（一）将实验室生物安全纳入伦理范畴

在一般的生命科学研究中，实验室生物安全常被纳入职业安全领域，部分原因在于大部分实验室生物安全事件并不会给公共卫生带来威胁。在美国《微生物和生物医药实验室操作手册》中，对于实验室生物安全的概念解释和自觉意识强调较多，对其的界定大都限于职业风险和试验人员的个人安危，属于规则和要求范畴，远未达到伦理高度。但GoFR的实验室安全将不止于实验室本身框制的空间。危险病原体一旦脱离实验室，风险将蔓延至全球每个生命个体。打破传统观念的束缚，将实验室安全纳入伦理范畴，从全人类的角度为GoFR设立标准和要求，是体现和践行生命科学伦理原则的必要做法。

（二）加强监管力度

加强对GoFR的监管力度，从研究动机、风险规避及管理等方面全面审核研究开展的必要性和可行性。某项研究拟解决某一重大公共卫生问题，一定会产生有益于社会和民众的成果，且没有更安全的替代方案，公众和社会所承担的风险不超过该研究将要解决的问题带来的风险值，是 GoFR 取得合法合理性的前提和条件。但对公共卫生问题的重要性如何判断，仁者见仁、智者见智。政府监管方应立足于人类的整体利益，以严格的标准对其做出客观判断。再者，是否制定风险规避方案，风险管理的措施是否完备，是 GoFR 顺利开展的保障，也是政府监管的重点领域。良好的监管体系也应强调决策民主，确保所有与 GoFR 相关的政策制定过程及政策本身都应反映和体现人类追求的终极价值。

（三）重视国际合作

GoFR 对人类的影响将是全球性的，其伦理可接受性的获取在一定程度上也取决于该研究是否为国际社会所承认和接受。有关 GoFR 的决策和政策制定应囊括咨询、协商、协调等过程，尽可能鼓励其他国家的积极参与。

（四）提高公众参与度

就目前情况来看，GoFR 的相关讨论大都局限于某一领域的学术团体和潜在利益相关方。在多数案例中，咨询和交流最多的是传染病专家及利益攸关者。吸纳专家意见，无疑有利于科学正确地评估 GoFR 的潜在效益和风险，更易于将研究成果转化为公共卫生政策及实践。但 GoFR 往往涉及全人类，公众在讨论和决策过程中的意见参与很有必要，也很重要。将公众意见排除在决策及监管过程之外，过分强调专家和利益攸关方的意见，对于同样承担着巨大风险的公众来说不公平，也削弱了此类研究的伦理可接受度。

（五）营造负责任的学术氛围

再严密的监管体系也会出现漏洞，在并不完善的法规体系中，科学家个人的高度自制显得弥足珍贵。2011 年 GoFR 引起社会关注之后，部分科学家在 2012 年 1 月至 2013 年 2 月主动停止了研究活动。研究人员对于病毒及实验研究的风险 - 收益前景最为了解，每名投身于 GoFR 的生命科学家都应将人类的命运置于最高的行为和道德标准中。科学研究最终的目的是造福人类，任何与之南辕北辙的做法都应自觉摒弃。

因 GoFR 对生物安全带来的风险，2014 年 10 月，美国联邦政府暂停了对流感、非典型性肺炎及中东呼吸综合征病毒 GoFR 的资助，要求参与此类研究的科学家主动停止实验。2016 年 5 月，咨询委员会发布了对功能获得性实验的监管指导意见。2017 年 1 月，白宫科学技术政策办公室公布研究指导，旨在对涉及增强的大流行性病原体研究进行全面监管，2017 年 12 月，美国公众与卫生服务部发布政策，将对涉及增强的潜在大流行性病原体研究实施监管，解除对关"增强型"危险病原体研究的资助禁令。这要求所有参与 GoFR 的人员都应客观评估研究的风险和收益，在政府的监管框架中，严格遵守技术及伦理规则，确保科学研究造福人类。

（军事科学院军事医学研究院　蒋丽勇　王　磊）

第十三章

美国科学院发布生物两用性研究现状与争议的报告

科技研究成果的透明性和保护国家安全秘密的矛盾越来越引起广泛关注。科技文化的开放性和透明性原则不断面临挑战。一个挑战是对手可能将研究成果用于恶意目的。尤其是近年来生物科技取得突破性进展，如基因工程化病原体或潜在的病原微生物，这些进展将可能被非国家行为体或恐怖主义利用。美国国家科学院2017年9月发布了《生命科学的两用性研究：现状和争议》的报告[1]。该报告回顾了美国生命科学两用性研究的现状及监管的政策和措施，其目的是在研究结果的公开传播价值和国家安全之间达成平衡。该报告最后得出了四个方面的结论。

一、研究和交流工具发生变化

科学技术的发展、全球化进程的加速、信息传播速度的加速及科技出版的变化等使得人们开始担心科技信息的传播可能会直接造成恶意目的。科技信息通过教育、培训、会议报告和壁报、非正式交流、专利、正式出版物等多个渠道传播。两用性研究相关的电子信息和在线传输及信息的储存也使得信息更敏感，易于被黑客攻击。

研究发现：①总体来说，美国在生物研究的安全规范方面具有坚实的基础。由于缺乏综合的报告系统，生物安全和生物安保事故报告不够完善，因此公开记录的严重实验室生物安全事件的数量较少。② 由于担心生物材料可能被用于恶意目的，并且生物研究的结果可能有重要风险，美国已经开始重视提高生物安保的政策和措施。③即使有的研究可直接被用于恐怖主义，但是人们还是担心对于信息的自然传播可能会有过多的限制。公开研究结果是科学研究的一项基本原则，可以提示相关风险，为应对措施的制定提供基础，并且也为有益公众健康的科学发展提供了基础。

二、美国的两用性研究监管存在不足

关于生物两用性研究有许多监管政策。美国的两用性研究政策提供了病原体和实验类型的信息传播的管理框架，但是他们仅适用于在接受联邦资助的机构中开展的研究。如果不遵守可能会面临联邦资助被收回的风险，但是还不清楚是否有其他惩罚措施。

1　National Academies of Sciences，Engineering，and Medicine．2017．Dual Use Research of Concern in the Life Sciences：Current Issues and Controversies．Washington，DC：The National Academies Press.

https：//doi.org/10.17226/24761

研究发现：①可能会引起生物安全问题的生命科学信息的传播目前受零散的政策和规定的约束。②联邦的两用性研究政策仅仅涉及一部分开展生命科学研究的个人。其他未接受联邦资助的研究（如私人企业、DIY公司或其他国家等）不受这些政策的约束，但是其他规定，如出口管控法律可能适用。③原则上，属于两用性的研究在研究开始之前或过程中可以被发现。早期鉴别两用性研究的政策及后续行动（决定中止、收回资助，分类和降低计划等）针对一些研究类型有具体规定。早期干预在结果发表之前更有效。④现有的两用性研究监管政策的重点和定义没有考虑所有生命科学相关领域的生物安保问题，特别是新出现的研究，如合成和系统生物学、计算机建模、基因组编辑、基因驱动、神经科学等。另外，现有的两用性研究政策和规定可能限制特定研究的种类，如管制生物剂和毒素、流行性病原体研究等。⑤当政府不资助有问题的研究时，第一修正法案对政府限制研究结果交流的能力做了重要限制，包括可用于生物恐怖主义的研究。当政府资助有问题的研究时，第一修正法案对于研究结果交流的限制就放松了，但是即使如此，政府的权利也受到了限制。⑥到目前为止，没有国际组织对科技信息政策和指导进行系统的关注。世界卫生组织、禁止生物武器公约组织、澳大利亚集团、联合国等可能会发挥这个功能。目前在整个国际层面关于政策的讨论热度在衰减，除了对特定技术关注和讨论在继续，如CRISPR-Cas9。⑦出口管控没有限制美国公民在美国本土的交流限制。出口管控的范围有限，没有规定控制信息传播的机制。

三、两用性研究发表的审查机制不完善

《生命科学的两用性研究：现状和争议》报告认为一个关键问题是，怎么指导研究人员和期刊编辑对待研究发现或文章的问题。两用性研究政策为联邦资助的研究提供了指导。其他研究人员和期刊编辑无权得知这些指南。鉴于全球期刊的数量在不断增加，相对于传统的同行评议，预出版和其他的在线出版使得现在的情况更加复杂。

研究发现：①目前为止，期刊编辑和联邦资助机构之外的研究人员对于可能引起生物安全问题的文章或研究管理试图寻求美国政府专家的指导和帮助，但目前为止还没有系统的流程或程序。② 美国和国际期刊关于两用性问题尚未有共享、一致的政策。③有一些有限的机制，如国家生物安全科学顾问委员会（National Scientific Advisory Board on Biosafety，NSABB）、联邦调查局大规模杀伤性武器处，涉及一部分科学家、国家安全和情报界的生物安全有关问题。④作为联邦咨询实体，NSABB没有合法的机构限制信息的传播。NSABB现有的强制性有限，可能提供有关信息公开的建议。⑤重组DNA咨询委员会则与之相反，两用性研究的监管不包含生物安全管理的评估和分析机制。

四、对两用性研究教育和培训重视不够

就两用性管理达成一致很复杂，原因是专家关于生物威胁的观点分歧很大。生物安全信息控制措施包括仔细审查研究的本质，研究结果恶意应用的风险，推动科学进步的益处或公开交流的应对措施，评估限制风险的同时获得收益的方法。有效的评估依赖于研究人员、资助者和发表人员适当的了解风险和政策。

　　研究发现：①现有证据表明多数生命科学家几乎没有认识到生物安全相关的问题。生命科学家很少系统地接受生物安全方面的培训。本科生、研究生和博士生的教育培训课程通常不包括两用性研究相关内容，除非学生或受训者参与管制生物剂研究。即使接受培训，重点也是生物安全。这种情况阻碍了生物安全风险控制政策的实施，特别是那些新出现的可能引起关注的研究领域。②科技信息传播的管理需要地方、国家和国际的共同努力，加强认识、教育培训和指导，制定和分享最好的方法。③研究机构有一些项目处理特定病原体，确保研究人员接受生物安全培训，但是美国研究机构尚未有系统的培训程序。在多数情况下，这些项目的范围包括生物安保。④研究信息传播管理的经验教训没有被充分评估或分享。⑤许多投资由捐献者资助，协助外国提供生物安全能力，也有一些资助用于生物安保方面，很少有资金投入到针对生物恐怖主义科技信息传播的提高认识、教育培训和政策制定等。

（军事科学院军事医学研究院　李丽娟）

第十四章

美国智库报告可降低全球灾难性生物风险的技术

2018年10月9日，美国约翰·霍普金斯卫生安全中心研究团队发布题为"解决全球灾难性生物风险的技术"的报告，重点关注15种有前景的新兴技术及其潜在应用，认为对加强这些技术研究可帮助世界做好充分准备，防止未来传染病暴发发展为灾难性事件[1]。

一、全球灾难性生物风险的内涵

在过去的一个世纪里，全球发生了多次由传染病导致的紧急情况，如1918年流感大流行造成5000万～1亿人死亡，SARS和MERS冠状病毒出现造成地区性严重影响，西非2013～2016年的埃博拉疫情导致超过28 000人患病，11 000人死亡。尽管上述传染病事件造成了严重影响，但还没有形成全球性灾难。全球灾难性生物风险的概念由约翰·霍普金斯卫生安全中心的研究人员 Schoch-Spana Monica、Cicero Anita 和 Adalja Amesh 等 2017 年在 *Health Security* 杂志 "Global Catastrophic Biological Risks：Toward a Working Definition" 一文中提出。该文的作者认为，全球灾难性生物风险是一类最严重的传染病紧急事件，可能导致突然的、非同寻常的、超出国家和国际组织，以及私营部门控制的广泛灾难。由于全球气候变化、人口增长、城市化及快速增长的全球旅行等因素，全球灾难性生物风险正在增加。此外，生物技术的进步使生物学操作更容易和更有针对性，也增加了微生物被滥用导致全球灾难性生物风险的机会。

研究团队在分析大量文献并访谈50余位专家的基础上，确定了5类15种与公共卫生准备和应急响应密切相关的技术，认为这些技术的发展有利于保护世界免受全球灾难性生物风险的影响，可以提高识别风险和解决问题的能力。他们还建议建立一个由技术开发人员、公共卫生从业人员和政策制定者组成的联盟，负责分析和全球灾难性生物风险相关的紧迫问题，并共同开发技术解决方案。

二、研究团队概况

美国约翰·霍普金斯卫生安全中心是一家成立于1998年的智囊团，主要开展生

---

1 Technologies to Address Global Catastrophic Biological Risks.

http://www.centerforhealthsecurity.org/our-work/pubs_archive/pubs-pdfs/2018/181009-gcbr-tech-report.pdf

物安全相关政策研究，对于美国政府决策具有重要影响力。中心主任Tom Inglesby博士是美国CDC公共卫生准备和响应办公室科学顾问委员会主席，2016年曾代表总统科学技术顾问委员会评估美国的生物安全工作，是美国国防科学委员会委员，也是美国科学院和医学院的院士，并担任美国国立卫生研究院、美国生物医学高级研发局、美国国土安全部和美国国防高级研究计划局的顾问。约翰·霍普金斯卫生安全中心参与了《合成生物学时代的生物防御》的编写工作，该报告作为2018年美国政府文件向联合国提交；另外，该中心也在美国政府制定《国家生物防御战略（2018）》过程中发挥了重要作用[2]。"全球灾难性生物风险"这个概念也是由该团队于2017年提出[3]。

三、技术内容

该报告共列举了5大类15种技术，认为这些技术可用于预防和应对全球灾难性生物风险。

（一）疾病检测、监测和态势感知

（1）普适性基因组测序和传感：作为一种监测工具，普适性测序可以实现病原体生物学的近实时表征，包括毒力、传播性、药物或疫苗的敏感性或抗性的测定。

（2）用于环境检测的无人机网络：陆地、海洋和空中无人机网络自主进行环境监测，有助于填补环境监测空白，对重要的生态系统和生物恐怖事件进行生物干扰。无人机可以穿越不同的生态系统，使用各种传感器和工具来收集数据。

（3）农业病原体的遥感：先进的卫星成像和图像处理技术可用于持续、广泛、系统的农业监测，主要是监测重要作物和其他植被的健康状况，以便在潜在威胁蔓延之前预有感知。

（二）传染病诊断

（1）微流体设备：微流体设备是"芯片实验室"诊断设备，有可能在某些情况下增强或取代传统的实验室测试设备，从而使诊断在病床边和资源受限的环境中更易获得，同时更可用也更有用。

（2）手持式质谱：发展手持式、真正的便携式装置，可在现场提供预先诊断功能。一些质谱技术甚至可以提供未知病原体或泛域诊断能力，从而无须在进行诊断测试之前区分细菌、病毒、真菌或原生动物。

（3）无细胞诊断：无细胞诊断消除了细胞膜的限制，利用工程化的遗传路径制造用于诊断的蛋白质。这些无细胞诊断可以生成肉眼可见的快速比色输出，细胞提取物也可以在纸上冷冻干燥，可用于恶劣环境中的疾病诊断。

2　About the center.

http：//centerforhealthsecurity.org/

3　Schoch-Spana M，Cicero A，Adalja A，et al．Global catastrophic biological risks：toward a working definition．Health Secur，2017，15（4）：323-328．

（三）分布式医学防护产品制造

（1）化学品和生物制品的3D制药打印：3D制药打印可用于医学防护产品的分布式制造，以及药物剂量和配方的个性化。同时，正在开展探索使用这种技术来打印疫苗的工作。

（2）用于制造医学防护产品的合成生物学：合成生物学为寻找和生产新型治疗剂提供了机会，并可用于以分布式和定制方式生产治疗剂。这可能意味着药物和疫苗的发现和生产速度远远超过了传统制造技术。

（四）医学防护产品分发、配发及管理

（1）用于疫苗接种的微阵列贴片：微阵列贴片是一种新兴的大规模疫苗接种技术。广泛采用该技术有利于在紧急情况下开展个体的疫苗自我接种，减少人群完成免疫操作的时间。

（2）自传播疫苗：经过基因工程改造的自传播疫苗可以像传染病一样在人群中传播，但不会引起疾病，而是提供保护。可以对目标人群中的少数个体接种疫苗，然后疫苗株会像传染病病原体一样在人群中传播，从而产生快速、广泛的免疫力。

（3）用于疫苗接种的可摄入细菌：细菌可以通过基因工程改造以在人类宿主中产生抗原，充当疫苗，引发对相关病原体的免疫。这些细菌可以置于温度稳定的胶囊内，并且可以在大流行的情况下自我给药。

（4）自身扩增mRNA疫苗：该疫苗使用具有正链RNA的修饰病毒的基因组，人类细胞内的翻译机器可以识别。一旦在人体细胞内递送，该疫苗就被翻译并产生2种蛋白质，即刺激免疫应答的目的抗原及用于细胞内扩增疫苗的病毒复制酶。该疫苗自我复制的能力可产生比一些其他疫苗更强、更广泛、更有效的体液及细胞免疫应答。

（5）无人机运送到偏远地区：无人机运输网络可以将临床物资和药品供应快速运送到由于地形障碍等原因难以进入的区域。

（五）医疗保健和快速应对能力

（1）机器人和远程医疗：是两大类医疗技术，可能与全球灾难性生物风险事件的医疗响应相关。在此类事件中成功使用这些技术将有助于在医疗机构以外的非传统环境（如家庭）中进行医疗救治。

（2）便携式易用呼吸机：在严重的呼吸道疾病暴发中，最严重的患者需要呼吸机才能在疾病严重期和恢复期支持呼吸。使用便宜、便携、具有直观界面且自动化的机械呼吸机，可使更多的患者得到护理和生存。

四、启示建议

当前，国际生物安全形势日趋错综复杂，生物安全风险累积叠加。生物威胁是国际社会面临的严重安全关切，生物武器和烈性传染病等生物威胁可能会带来灾难性损失，这种对生物安全的基本判断已经成为全球共识。随着地球环境和人类生活方式的变化，特别是基因编辑、合成生物学等两用生物技术的迅猛发展，有可能使生物安全问题变得更加诡谲多变，未来出现情况难以预测、局势无法控制、后果无法估量的全球灾难

性生物安全事件的可能性不断增加，不仅会导致大规模人员伤亡和心理创伤，还会引起经济社会混乱不堪和国家政权动荡更迭。美国约翰·霍普金斯卫生安全中心发布的研究报告显示，对于防止严重生物安全事件带来灾难性影响，具有重要启示借鉴意义，包括注重适应极端情况的先进适宜技术研发，以及重视利用多学科交叉技术解决现实问题等。

（军事科学院军事医学研究院　王　磊　辛泽西　蒋大鹏　王　华）

第十五章

美国学者发布基因组编辑生物安全研究报告

2018年12月3日，美国乔治梅森大学和斯坦福大学联合发布了题为"基因组编辑生物安全——治理基因组编辑的需求和战略"的研究报告[1]。该报告探讨了与基因组编辑技术（CRISPR）相关的关键生物安全问题及相关的基因组编辑技术。本文简要概述了该报告的主要的研究背景和主要内容，并提出了借鉴启示。

一、报告的研究背景

2017年，美国乔治梅森大学和斯坦福大学联合启动了一项多学科研究，名为"基因组编辑生物安全"，探讨与CRISPR相关的关键生物安全问题及相关的基因组编辑技术。这项研究的目的是突出强调由基因组编辑技术的出现所带来的不断变化的安全格局，帮助政策制定者和其他利益相关者应对这一情况，并阐明可能影响安全格局的生命科学方面的趋势。核心研究小组由具有安全、生命科学、政策、行业和伦理专业背景的14名专家，以及4名研究负责人和7名负责"基因组编辑生物安全"的研究助理组成。网上发布的版本用于接受同行审查和评论。最终版报告将于2019年1月发布。

二、研究报告的主要内容

该报告共包含五部分内容，第一部分概述基因组编辑的工具、能力和局限性；第二部分简要介绍基因组编辑在人类健康、农业及更广泛的生物经济领域中的潜在益处；第三部分分析了基因组编辑带来的潜在安全风险；第四部分列出了涉及多个领域的6种可能的安全情景；第五部分总结基因组编辑技术的发展趋势。

（一）基因组编辑的工具、能力和局限性

用于基因组编辑的工具主要有3种，分别为锌指核酸酶（ZFN）、转录激活因子样效应物核酸酶（TALEN）和成簇规律间隔短回文重复（CRISPR-Cas系统）。CRISPR-Cas系统是这些工具中迄今为止最新，并被最广泛使用的一个。CRISPR能实现三大类基因组编辑功能，分别为细胞工程、生物体工程和筛选（图15-1）。世界各地的实验室正

1　Kirkpatrick J，Koblentz G D，Palmer M J，et al. Editing Biosecurity：Strategies for Governing Genome Editing.

https：//www.wesrch.com/medical/pdfME1XXF000KWAH，2018-12-20

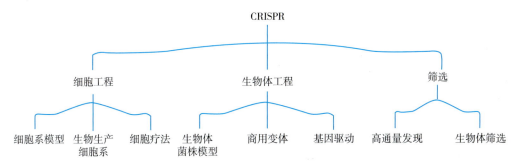

图 15-1　CRISPR基因组编辑功能的基本分类

在使用 CRISPR 开展基础研究和转化研究。一种由 CRISPR 所能完成的独特的生物体工程就是基因驱动。借助 CRISPR，科学家能够构建一个基因驱动系统，该系统可以用编辑后的基因，连带编辑所需的 gRNA 和 CRISPR 蛋白，将原始的基因替换掉。例如，如果将这项技术用于蚊子，当编辑过的蚊子与野生蚊子交配时，后代将继承嵌入野生蚊子染色体中的基因驱动，这个基因驱动会编辑其后代的 DNA。到目前为止，人们已经建成了基因驱动系统并证明了它们可用于酵母、苍蝇和蚊子。

尽管 CRISPR 已经取得了令人瞩目的成就，并且具有巨大的潜力，但对 CRISPR 的应用尚未普及。基因组编辑领域正面临着一些重大障碍与挑战，需要克服这些问题才能实现该技术的全部潜力。CRISPR 的主要挑战包括：①如何最大限度地减少脱靶编辑是发挥 CRISPR 全部潜力的关键。②如何识别频率极低的脱靶事件，这些事件无法预测。③如何将基因组编辑分子安全有效地运送到正确的细胞、组织或器官中。

（二）基因编辑技术的潜在益处

基因组编辑技术，特别是 CRISPR 在科技水平、经济投入和产品研发方面发展迅猛。基因组编辑技术的潜在益处主要体现在以下四个领域：生物医学研究、人类健康、农业和工业生物技术。CRISPR 具备在生物医学研究领域做出巨大贡献的潜力。CRISPR 已经彰显了自身作为研究工具在揭示单个基因的功能和多个物种的基因簇之间相互关系方面的巨大价值。CRISPR 具备对公众健康和医学做出巨大贡献的潜力。CRISPR 在治疗遗传病，以及研发新的抗癌方案、新的抗菌抗病毒药物、诊断学及病虫控制方法方面，均具有巨大的应用潜力。基因编辑技术在农业领域具有广泛的潜在商业应用。CRISPR 可以用于提高种植物和动物的营养价值、产量和其他优良性状。基因组编辑技术已对作物基因工程产生了影响，如对玉米、大米和大豆等作物可进行便捷、高效的基因编辑。这些应用的研发呈现出鲜明的经济目的，同时也提高了作物产量并改善了作物的抗旱性能、抗虫性和除草剂抗性。利用基因工程细菌和酵母可以生产具有商业价值的合成物，如燃料、药品、芳香剂、先进材料及其他高价值产品。

（三）基因组编辑带来的安全和安保风险

已经有明确的迹象表明，基因组编辑存在两用性问题。例如，研究人员使用 CRISPR 试图使猪对疾病产生免疫力，用具有类似结构的人类受体取代了针对病毒的一个关键猪受体，但它也创造了有利于病毒突变的条件，使其有能力附着在人类受体。在减少牲畜疾病的过程中，增加了产生新的人畜共患疾病的风险。2017年，德国发现一家美国公司销售的基因组编辑试剂盒遭受病原菌（包括耐抗生素菌株）污染，因此严格限制了该基因组编辑试剂盒的进口。鉴于缺乏基因驱动方面的经验和生态系统的复杂性，人们担心，出于消灭疾病、控制病媒和保护生物多样性的目的而故意向野外释放基因驱动，可能对种群动态的稳定造成不可预测的影响。基因组编辑相关技术和专门知识的传播可能会使这些工具更容易被那些试图出于政治或宗教目的而制造伤害的非国家行为体获得。

（四）潜在的安保情景

该报告介绍了6种安保情景范例，每个情景都配有政策选项范例，对一系列具有代表性的情景进行描述，并提出了可供选择的治理或监管措施。

1. 非法伪劣产品

该情景阐明了在生物制品监管松散的背景下，使用基因组编辑所产生的消费者健康和安全问题。该情景围绕着一个鲁莽的、以利润为导向的行为体，其开发和销售的通过基因组编辑生产的产品可能对患者产生严重的不良影响。保护消费者健康和安全的政策措施包括FDA加强对膳食补充剂的监管、制定膳食补充剂的审查标准、加强对未经批准的基因编辑产品面向消费者营销的监控。

2. 两用性研究

该情景阐明了基因组编辑所带来的研究与两用性研究监管之间的差距，包括对病原体的监管范围相对狭窄和私人资助研究的豁免。该情景围绕一家农业生物技术公司展开。该公司利用基因组编辑研究开发对人类健康具有潜在重大影响的应用。改进两用性监管的政策措施包括重新审查美国两用性监管范围、加强对私人资助研究的监管、加强对从业人员的教育，以及资助开展生物安全和生物安保研究。

3. 用于隐蔽行动的生物武器

该情景介绍了涉及基因组编辑的研究如何能够实现具有不同战略用途的新型或改进的生物武器。它围绕一个使用现有已公开发表的研究来克服技术瓶颈的国家展开。加强遵守生物武器国际规则的政策措施包括加强履约支持机构能力，定期审议科技进展；在九审会前明确公约第一条"其他生物剂"的定义包括基因驱动和基因构成修饰的生物体；加强ISU宣传反对生物武器研发和使用的国际规则。

4. 生物恐怖主义 2.0

该情景阐明了新的生物防御漏洞，这些漏洞可能来自日益复杂的全球生物技术材料和服务提供商的生态系统。它涉及恐怖组织利用可用的商业资源和缺乏客户筛选举措的漏洞，使用基因组编辑将非致病细菌转化为生物武器。改进监督生物技术产品和服务的政策措施包括与其他国家或国际组织合作建立行业监督标准、设定基因编辑载体或试剂的采购门槛、扩大提高筛查效率和降低筛查成本的方法。

5. 基因驱动生物安全漏洞

该情景阐明了随着使用基因组编辑技术的实验室数量和复杂程度的增加，新型生物有机体意外释放的可能性明显增强。本情景围绕从研究实验室释放自我繁殖的基因驱动生物体展开。改进基因驱动的监管措施包括更新基因驱动研究指南、加强对产品的监管要求、加强对生物安全的培训教育及建立生物安全事件预警系统。

6. 生物武器化威胁

该情景阐明了即使想象的影响没有完全实现，行为体也可以使用基因组编辑技术散布疑虑和恐惧，以造成经济损害。该情景围绕有意释放基因驱动生物体展开。降低生物武器化威胁的措施包括制定沟通策略、反驳错误信息、提高生物安全意识和支持发展防御技术等。

（五）主要趋势和结论

该报告归纳出基因组编辑的发展趋势包括基因组编辑有改善人类状况的潜力，但同时基因组编辑对生物安保格局具有破坏性；CRISPR展示了基因组编辑技术更广泛的应用趋势及其对生物安保带来的挑战；必须让基因组编辑的关键利益者参与行动，特别是那些能够在防止或减少滥用方面发挥重要作用的行为体；随着基因组编辑技术的发展，需要及时更新现有的治理措施。

该报告最后得出了结论是：需要加强与其他国家或组织的合作，努力寻找基因组编辑监管的最佳策略；将创新作为应对新的生物威胁的安保策略。

（军事科学院军事医学研究院　李丽娟　王　磊）

第十六章

美国科学家开发出炭疽鼠疫两用疫苗

美国研究人员利用T4噬菌体设计了一种病毒纳米颗粒疫苗，可同时有效抵抗炭疽和鼠疫两种传染病，成为基因工程多剂疫苗研发的重要里程碑。研究成果2018年9月发表于美国微生物学会开放期刊*mBio*上，由美国天主教大学、美国国立卫生研究院和美国得克萨斯大学的相关研究人员合作完成，该研究得到了美国国立卫生研究院过敏和传染病研究所的资助。

一、基本情况

（一）炭疽和鼠疫是重大生物威胁

炭疽芽孢杆菌和鼠疫耶尔森菌分别是导致炭疽和鼠疫的病原体，两者都会导致暴露个体在3～6天快速死亡，死亡率高达100%。这两种病原体也是传统的生物战剂，均可通过吸入雾化的液滴传播，可用于生物战或生物恐怖袭击。此外，鼠疫也是全球健康的重大威胁，在世界各地周期性暴发，其中2017年在马达加斯加暴发，导致209人死亡，其中超过70%的病例是肺鼠疫。

（二）炭疽及鼠疫的重组疫苗是重要研究方向

疫苗是有效应对传染病暴发的重要手段，大规模接种天花和流感等致命病原体的疫苗曾拯救了数百万人的生命。针对炭疽，目前已有一种疫苗Biothrax获得许可，但Biothrax是一种来自减毒炭疽芽孢杆菌菌株V770-NP1-R培养滤液的明矾吸附疫苗，该菌株将炭疽保护性抗原分泌到培养基中，不能去除致命因子和水肿因子这两种微量成分，导致会发生不良副作用。针对鼠疫，目前的鼠疫疫苗是用福尔马林杀死的灭活疫苗，或是由活的减毒鼠疫耶尔森菌研制的减毒活疫苗，这些全病原体疫苗会产生严重的副作用，如注射部位的反应性等，这些疫苗已经停止使用或只允许以有限的方式用于保护处于危险中的军事人员和实验室人员，还没有被FDA批准使用的鼠疫疫苗。目前，一些针对炭疽或鼠疫的重组疫苗正在研究中，但还没有一种获得许可，炭疽或鼠疫基因工程重组疫苗已经成为生物安全领域的重要研究方向。

（三）利用体外组装系统开发T4噬菌体疫苗取得成功

为了开发针对炭疽芽孢杆菌和鼠疫耶尔森菌的T4噬菌体疫苗，研究人员利用体外组装系统，在T4噬菌体120nm×86nm的头部衣壳排列了炭疽芽孢杆菌和鼠疫耶尔森菌抗原，这些抗原融合到小外壳蛋白Soc（9kDa）上，抗原包括炭疽保护抗原、突变的荚膜抗原F1及鼠疫杆菌3型分泌系统的低钙反应V抗原（F1mutV）。RB69Soc的N和C末端都暴露在衣壳表面，两者都可以有效地展示重组蛋白，研究人员将炭疽和鼠疫抗原融合到T4噬菌体RB69Soc上构建了3个重组体，分别为F1mutV-Soc-PA（148kDa）、F1mutV-Soc（66kDa）和Soc-PA（93kDa），重组后的T4噬菌体呈现出良好的疫苗特性。

二、主要研究结果

（一）对实验动物提供了两种病原体的高效免疫

研究人员构建的病毒纳米颗粒引发了强烈的炭疽和鼠疫特异性免疫反应，并在BALB/c小鼠、棕色挪威大鼠和新西兰白兔三种不同的动物模型中，提供了针对吸入性炭疽和（或）肺鼠疫的完全保护。即使动物同时受到致命剂量的炭疽致死毒素和鼠疫耶尔森菌CO92的攻击，接种疫苗的动物也得到了完全的保护。

（二）不需要添加佐剂即可以起到强保护效果

炭疽鼠疫两用疫苗不同于传统的亚单位疫苗，在没有佐剂的情况下，也能引发针对两种病原体的强有力的免疫反应。事实上，向纳米颗粒中加入佐剂，如水凝胶和（或）脂质体，并没有增强免疫反应。研究推测这可能是因为病毒纳米粒子模仿自然病原体的病原体相关分子模式，与Toll样受体结合，强力刺激宿主的先天和适应性免疫系统，因此不需要外部佐剂。

（三）能够产生理想的TH1和TH2型抗体应答

T4噬菌体纳米颗粒疫苗能够产生平衡的TH1和TH2型抗体应答，是T4噬菌体纳米粒子平台的一个特征，这种特征对于制备任何疫苗都是非常理想的，使得T4噬菌体纳米颗粒成为自然感染过程中清除病原体的一个非常理想的平台。

三、重要意义

（一）基因工程多剂疫苗是美国生物安全疫苗研发的重要方向

为应对未来不可预知的生物威胁，同时为解决部队海外部署前短时间接种多种疫苗引起的海湾战争综合征等不良反应，美国国防部2006财年开始实施"转型医学技术计划"，主要针对基因工程改造及非传统的烈性病原体开发医学防护措施，其中重中之重是发展包括多剂疫苗（multiagent vaccines）在内的广谱医学对抗措施。所谓"多剂疫苗"是指利用新型生物工程技术和重组疫苗技术获得针对多种病原体的疫苗，而不是多种疫苗的物理混合。近年来，美国生物安全领域的疫苗研究向多剂疫苗方向发展的趋势明显，美国国家和军队的相关科研人员正在开展多种尝试，希望能够研发出保护人们免受多种生物威胁的生物防御疫苗，为未来减轻不可预知的生物攻击提供有效的医学防护对策。

（二）炭疽鼠疫两用疫苗是多剂疫苗研发领域取得的重要突破

炭疽芽孢杆菌和鼠疫耶尔森菌是已被用作生物战剂的两种最致命致病菌。美国科学家利用T4噬菌体研究的炭疽鼠疫两用基因工程疫苗，不同于传统的基因工程亚单位疫苗，在没有佐剂的情况下，也能引发针对两种病原体的强有力免疫反应，在动物模型中提供了对吸入性炭疽和肺鼠疫的完全保护，呈现出良好的开发前景，是近年来基因工程多剂疫苗研发领域取得的重要突破。研究人员指出，这种炭疽鼠疫两用疫苗可作为国家战略储备，以对抗炭疽和鼠疫引发的潜在生物战或生物恐怖袭击。

（三）T4噬菌体纳米颗粒为未来疫苗研发提供了良好平台

T4噬菌体是一个独特的纳米颗粒平台，与传统亚单位疫苗相比具有免疫原性强、保护效果好、无须佐剂辅助等一些独特的特性，适用于制备针对高风险病原体的多价疫苗，对于防范潜在的生物攻击和新出现的感染具有重要意义。此外，T4噬菌体纳米颗粒平台的其他优点还包括结构高度稳定、可扩展性、成本效益低、安全性及缺乏对人体原有的免疫力等，对于加速临床试验，以及降低成本、时间和工作量具有重要意义。因此，T4噬菌体是一个很好的候选物，可以发展成为一个"通用"疫苗平台，该平台可以被工程化，以产生针对不同病原体的多价生物防御疫苗。

（军事科学院军事医学研究院　王　磊　吴曙霞）

第十七章

俄罗斯指控美国在格鲁吉亚建立生物武器实验室

2018年10月4日，俄罗斯国防部召开记者会，俄军化生辐射防护部队司令基里洛夫少将表示，有迹象显示，美国在格鲁吉亚运营着一个秘密生物武器实验室，并称此举违反国际公约，对俄罗斯构成了直接的安全威胁[1,2]。

一、事件背景

俄方指控的实验室为理查德·卢格公共卫生研究中心，建成于2011年3月18日，位于格鲁吉亚首都第比利斯郊区，是格鲁吉亚国家疾病控制和公共卫生中心的一部分。美国为该中心投入1.5亿美元，并以美国参议员理查德·卢格之名为其命名。该实验室占地8000平方米，工作人员分别来自格鲁吉亚和美国，中心的公开目的是通过开展危险病原体检测和流行病学监测，保护公众和动物健康。

2013年，俄方第一次指责美国在背后操控格鲁吉亚的实验室秘密研制生物武器。俄罗斯联邦消费者权益保护和公民福利监督局主管根纳季·奥尼先科在公开场合表示，接受美国援助建设的理查德·卢格公共卫生研究中心不受格鲁吉亚当局控制，具备强大的进攻性潜力，直接违反了《禁止生物武器公约》，同时格鲁吉亚故意将非洲猪瘟传入俄罗斯南部地区意图开展经济破坏。针对俄罗斯的指控，格鲁吉亚国家疾病控制与公共卫生中心的负责人和美国驻格鲁吉亚大使均表示否认。

此次俄方再度指控的主要依据是，2018年9月，格鲁吉亚国家安全局前局长吉奥尔加泽在莫斯科举行新闻发布会，称美国在格鲁吉亚首都第比利斯设立的理查德·卢格公共卫生研究中心可能进行了包括人体试验在内的多项试验并已经致人死亡，敦促美国总统特朗普调查此事。同时吉奥尔加泽还公布了一系列理查德·卢格公共卫生研究中心的资料和数据。

二、俄方指控的主要内容

俄方研究分析了吉奥尔加泽提供的资料，并在2018年10月4日的国防部记者会上进行了通报。俄方对美国和格鲁吉亚的指控主要有以下几个方面。

---

1 https://function.mil.ru/news_page/country/more.htm?id=12198232.

2 https://function.mil.ru/files/morf/MO-H B P X Б.PDF.

（一）理查德·卢格公共卫生研究中心背后确由美国操控

在俄方第一次指责美国背后操控格鲁吉亚的实验室秘密研制生物武器后，美国曾多次发表声明称，没有在理查德·卢格公共卫生研究中心从事有关生物武器的活动，同时表明该实验室并不属于美国。

俄罗斯此次再度指出，理查德·卢格公共卫生研究中心的背后操控者确为美国。美国军方在该实验室的建设上投入了超过1.6亿美元。2018年，理查德·卢格公共卫生研究中心附近新建了一座8层行政实验楼，其中两层完全归美国陆军使用，并且还存在一个专门安置患烈性传染病患者的区域。根据吉奥尔加泽提供的资料，目前格鲁吉亚专家在理查德·卢格公共卫生研究中心的行动是受限的，格鲁吉亚籍员工无法掌握到五角大楼在此开展的封闭活动的相关信息。而该实验室工作的美国军方生物学家却具有外交豁免权，此外美国通过外交渠道运输生物材料时无须经过当地监督机构的检查。

俄方还指出，格鲁吉亚方面此前声称理查德·卢格公共卫生研究中心的活动在财务上是独立的，但确切证据显示，其公用事业和机构安全防护的费用完全由美国支付。令人格外担忧的是，非洲、拉丁美洲和亚洲的卫生与流行病学监测是由美国卫生部负责的，但格鲁吉亚的这部分工作则由五角大楼负责，格鲁吉亚卫生部与美国陆军华尔特里德研究所、国防部威胁降减局及能源部国家核安全局等签署了一系列合同。

（二）美国秘密开发进攻性生化武器

在吉奥尔加泽所提供的材料中，最引人关注的内容是美国开发运送和使用生物武器的技术手段的相关信息。如一种由美国专利和商标局颁发的用于在空中传播受感染昆虫的无人机（专利号8967029），在该专利的描述中提到，利用本装置，美国军队可在无须面临风险的情况下摧毁地方部队。另外一些专利是用于递送化学和生物制剂的各类弹头，具有"成本低，无须接触有生反抗力量"等优点。

俄方认为这些情况说明存在为这种弹头装填有毒、放射性、神经类物质及传染病病原体的可能，这严重违反了《禁止生物武器公约》的协定，与美国所应承担的国际义务不相符合。因此俄方在发布会上质问美国将这些专利文件存放在理查德·卢格公共卫生研究中心的原因，要求美国和格鲁吉亚方面对此进行明确答复。

（三）理查德·卢格公共卫生研究中心从事致死性临床试验

根据吉奥尔加泽所供材料，俄方指控理查德·卢格公共卫生研究中心以普通药物研究之名，实质开展有毒药物或高致死性生物制剂的研究。理查德·卢格公共卫生研究中心号称对一种治疗丙肝的药物索非布韦进行临床试验，却仅在2015年12月就造成24人死亡，而实验室罔顾相关国际标准和患者意愿继续进行研究，并致49人死亡，这已超过传染病医院暴发疫病时的致死率。而实际上，索非布韦已在俄罗斯联邦的药物注册清单内，并且此前该药物从未引发任何死亡病例。因此俄方认为，志愿者在短时间内密集死亡的案例表明，理查德·卢格公共卫生研究中心可能在药物临床试验的幌子下对高毒性化学药物或高致死性生物制剂的毒效进行评估。此外，俄方做出以上认定的另一个原因是，索非布韦的生产商美国吉利德科学公司的大股东之一正是美国前国防部长拉姆斯菲尔德。

（四）美国涉嫌与欧亚部分动物疫情有关

俄方对美国的另一个指控是，美国涉嫌发动了欧洲和亚洲部分地区的数次动物疫情。吉奥尔加泽提供的材料表明，美国优先研究潜在的生物武器制剂，包括土拉菌病、炭疽、布鲁氏菌病、登革热、克里米亚-刚果热及其他吸血昆虫疾病的病原体，其中美国曾经特别强调在格鲁吉亚境内，包括在靠近俄罗斯边境的地方寻找"非典型的鼠疫病原体"，其原则是"越是非典型越好"。欧洲CDC网站公布的数据显示，近几年，欧洲南部国家的蚊子种类正在发生变化，其中也包括格鲁吉亚和俄罗斯部分领土；俄罗斯联邦消费者权益保护和公民福利监督局的数据显示，蜱虫的传播导致俄罗斯斯塔夫罗波尔地区和罗斯托夫地区暴发了克里米亚-刚果出血热；另外2007～2018年非洲猪瘟的蔓延情况是从格鲁吉亚到俄罗斯、欧洲国家和中国，在这些国家的死亡动物样本中检测到了与格鲁吉亚2007年相同的非洲猪瘟病毒株。基于以上证据，俄罗斯认为美国涉嫌与欧亚部分动物疫情有关。

（五）美国搜集前苏联地区传染病、菌株库及俄公民生物样本

俄罗斯还特别指出，除了理查德·卢格公共卫生研究中心，美国军方在前苏联地区，如在乌克兰、阿塞拜疆、乌兹别克斯坦等，不断建设或升级高水平生物实验室。这些实验室的重点任务之一就是搜集所在地区有关传染病发病率的信息，以及相关国家具有疫苗耐受性及抗生素耐受性的致病菌株库。2017～2019年这项活动的资金投入将达到约10亿美元。美国已在全球运作了30多个高水平生物实验室，俄方认为这些实验室的选址不是偶然的，许多位于俄罗斯和中国附近，这为俄罗斯各州带来了持续的生物威胁。

此外，2016年美国联邦合同系统的信息显示，美国空军试图搜集俄罗斯公民的滑膜组织和RNA样本，并且明确提出所有组织和样本必须是来自生活在北高加索地区的俄罗斯人，而不能是来自乌克兰的。俄方还指责美国空军通过企业搜集北高加索、远东及乌拉尔地区单一民族的生物样本，无论其背后的目的何在，都会对俄罗斯安全构成威胁。

三、美国回应

针对俄方的上述指控，美国国防部对此予以否认，其发言人表示理查德·卢格公共卫生研究中心一直是在格鲁吉亚疾病控制与公共卫生中心领导下开展工作的，并非美方设施，美国更未在该实验室研制生物武器，并将俄罗斯的指控称为"针对西方捏造的虚构和虚假情报"。

而俄罗斯外交部、俄联邦委员会和俄罗斯国家杜马有关人士随后也进行了回应，表示俄军及相关方公布的证据资料详尽具体，情况十分严峻，而不是虚构和抹黑，美国和格鲁吉亚等国如不能进行积极正式的答复，俄罗斯或将问题诉诸国际组织，建议在有俄方代表的情况下，对理查德·卢格公共卫生研究中心进行核查。

（军事科学院军事医学研究院　周　巍）

第十八章

德法科学家质疑美开展生物武器研究

2018年10月5日，《科学》杂志刊载了题为"农业研究或新的生物武器系统？"的评论文章[1]，作者是德国马普进化生物学研究所、弗赖堡大学和法国国家科学研究中心的研究人员。该文章指出，美国国防高级研究计划局（Defense Advanced Research Projects Agency，DARPA）正在探索利用昆虫传播基因修饰病毒来编辑植物染色体，从而让这些植物更具抗性，这可能是在开发一种新的潜在生物武器。

一、"昆虫联盟"项目概况

农业遗传技术通常通过在目标物种的染色体中引入实验室产生的修饰来实现其农业目标。然而，这种方法的速度和灵活性是有限的，因为修改后的染色体必须从一代垂直遗传到下一代。为了消除这一限制，DARPA正在资助一项研究计划，旨在通过在农田中散播工程化的传染性转基因病毒直接编辑作物染色体。这是通过水平转移进行的基因工程，而不是垂直遗传。将这种水平环境遗传改变剂扩散到生态系统中将对监管、生物、经济和社会产生深远影响。

2016年11月，DARPA资助了超过2700万美元的合同以开展"昆虫联盟"研究。该项目规定，这种水平环境遗传改变剂病毒的投递方式应以昆虫为基础。2017年7月，承担"昆虫联盟"研究的其中一个机构已经获得DARPA的资助，开发昆虫基因改造病毒扩散系统。该研究的核心是在大规模温室中展示昆虫扩散水平环境遗传改变剂的全功能方法。据传玉米和番茄类植物被用于当前实验，传播的昆虫包括叶蝉、烟粉虱和蚜虫。"昆虫联盟"计划主要作为农民解决常规农业问题的手段，如干旱、霜冻、洪水、盐度、除草剂和病虫害等。除了在2年的时间框架内进行温室验证，项目几乎没有公开解释其研究对农业的益处。

二、"昆虫联盟"项目的风险

研究人员认为，DARPA的项目目标对于提高美国农业生产水平或应对国家紧急情况非常有限，也未充分讨论实现预期农业利益的主要实践和监管问题。因此，该项目被

1　Reeves R G，Voeneky S，Caetano-Anollés D，et al. gricultural research，or a new bioweapon system? Science，2018，362（6410）：35-37.

广泛认为可能是为了开发用于敌对目的的生物剂及媒介，如果这是真的，将违反《禁止生物武器公约》。

（一）水平环境遗传改变剂使用意图不明

虽然项目计划未详细说明水平环境遗传改变剂的使用意图，但它规定在农作物功能获得性表型中具备≥3个转基因功能的病毒表达。目前，水平环境遗传改变剂的最大候选对象是被设计成病毒一部分的CRISPR系统。这种方法将目标特定的植物基因染色体进行修饰，可能增加植物应对环境或除草剂的耐受性。该系统的最终效果是使用一种转基因病毒，在已经种植的田地中对携带病毒的昆虫所扩散的区域进行基因编辑，从而提高作物功能。然而，DARPA的声明表明，项目核心部分可能包括通过病毒编码的CRISPR蛋白进行植物染色体编辑。DARPA及3个主要研究机构发布的新闻稿中仅提及主要通过农业常规使用来推动研究目标，如干旱、霜冻、洪水、除草剂、盐度或病虫害等。

（二）利用昆虫扩散的理由不充分

DARPA授权使用原料生产媒介结合水平环境遗传改变剂，使得"昆虫联盟"项目与其他所有项目不同，很可能会造成水平环境遗传改变剂在没有昆虫参与的情况下使用农业喷洒设备。和平时期常规农业都可以通过喷洒来实现，人们质疑要强制以昆虫为基础扩散的原因。公开文件提及的唯一理由是，水平环境遗传改变剂喷洒所需的基础设施不是所有农民都具备，但这对于美国大多数农场主来说是不合理的。文件显示，短暂承认的第二个项目动机是防御和应对国家或非国家行为体的不确定性威胁。承担研究的3个学术联盟中仅有一个在其新闻稿中明确了防御或应急应用。绝大多数控制害虫的一线紧急措施依赖喷洒，即使已经开发了通过释放活体昆虫来作为害虫防治措施的基础。因此，研究人员认为，除非DARPA对在常规农业或紧急应用中强制采用昆虫的必要性提供适当的解释，否则"昆虫联盟"可能会被认为是试图开发进攻性的水平环境遗传改变剂扩散方法。

（三）水平环境遗传改变剂缺乏明确监管

水平环境遗传改变剂可能在作物开发或种子生产过程中扩散，监管机构和政府应该审查的问题包括以下三个方面。

1.具有体细胞基因编辑能力的水平环境遗传改变剂

体细胞基因编辑能力可在染色体特定靶点处修饰易感作物基因组，但即使考虑到基因编辑技术的未来发展，一个区域内的所有植物不太可能都在染色体预期靶点处接受相同修饰。这与目前监管机构所考虑的实验室生成的特定遗传修饰及其相关特性描述有很大不同。

2.具有种质基因编辑能力的水平环境遗传改变剂

将CRISPR引入到农作物种质中，可能会使保护农作物资源的努力变得相当复杂。目前，政府在努力确保生物安全方面发挥了根本作用，如实验室已开发的病毒种质编辑系统存在一定的限制性。

3.水平环境遗传改变剂的昆虫传播

由于昆虫的移动性、作物对病毒感染的敏感性等不可避免的不确定性，很难确定哪些植物或田地已经被转基因病毒感染，这将成为种子种植或再种植地区的一个特别重要的问题。

（四）可能违反国际公约

《禁止生物武器公约》指出，各缔约国承诺"在任何情况下绝不发展、生产、储存或以其他方式获得或保留……旨在将这种药剂或毒素用于敌对目的或武装冲突的武器、设备或运载工具"。"昆虫联盟"计划很可能与禁止开发"投递方式"的条款特别相关。无论最终是否使用染色体编辑系统（如CRISPR）来实现DARPA的目标，其研究手段都可以产生新型生物武器。例如，释放昆虫必须接受"有条件的致命保护措施"，即任何释放昆虫都不能存活超过2周，旨在限制水平环境遗传改变剂的传播。但如果不采取任何防护措施简单的释放昆虫，都将会增加水平环境遗传改变剂在环境中的扩散。水平环境遗传改变剂武器极易传播给易感作物品种，特别是在以昆虫为媒介的情况下。可以针对特定作物品种的基因组序列进行染色体编辑，如敌方大规模种植的农作物。目前，非专业科学家和决策者对水平环境遗传改变剂和昆虫投递方式所知甚少。

三、两用研究的困境

DARPA最近投入了1亿美元开展基因驱动和生态优先工程研究。不管其是否最终在科学上取得成功，或者结果是否按计划公开，开展"昆虫联盟"项目都可能刺激其他国家发展类似能力，或者有些国家已经开展这类研究。现在即使取消DARPA对项目的资助，也无法关闭已经打开的关于水平环境遗传改变剂或昆虫扩散的潘多拉盒子。

关于水平环境遗传改变剂昆虫投递方式武器化的假想目标场景是：一种携带水平环境遗传改变剂的感染病毒以特定基因为靶点感染种子或分生组织。该基因对于特定作物品种繁殖至关重要，而且该作物品种通常易受转基因病毒感染。在这种情况下，被释放的病毒感染昆虫可能比DARPA规定的2周存活时间更长，或者从植物中重新获得病毒感染。这个项目可能会引发国家间长期存在的担忧，即敌人可能试图破坏它们的作物。

（军事科学院军事医学研究院　李丽娟）

第十九章

我国生物安全净评估浅探

生物安全与科技革命、军事国防相互促动，同政治、经济、宣传等多因素相互交织，是有关国家主体、非国家行为体博弈冲突对抗的一个重要领域[1]。如何认识和处理生物安全问题，推动产业、国防和社会的协同变革，维护国家利益，须有更为广阔的视野和全局运筹谋略。

净评估提供了一种分析关键行为体博弈对抗中长期发展演变的理念和方法。美国国防部对净评估应用颇为青睐。当前，美国国防部正在加强对生物科技未来发展趋势的研判，尤其是对合成生物、基因工程和人类认知领域的理解。美国国防部希望预测未来10～20年，上述领域哪些方面能够取得重大突破，上述领域的进步和技术扩散对战争形态的影响，以及哪些领域能对美国或其他行为体产生实质性竞争优势。美国国防部净评估办公室尤其关注于评估上述领域的可能发展方向、最重要的研发领域、美国在关键领域的相对地位，以及当上述领域取得显著进展时，能够产生何种军事优势来源[2]。

本文就尝试以净评估基本理念和框架，诊断未来10～20年生物安全整体形势，阐述我国生物安全领域的优势和劣势，研判未来面临的威胁和机遇，分析影响我国生物安全的关键因素和可能的演化路径。通过系统评估，旨在提升我国生物安全领域规划与治理的科学性、预见性和针对性，以便更好地维护我国发展和安全利益。

一、生物安全形势基本评估

近年来国际生物安全形势的基本走势是2000～2014年间总体保持温和可控状态，但自2015年以来生物安全形势转向相对严峻。国内生物安全形势演变大体与国际保持同步，但随着国际安全形势变化和中国加速崛起带来的张力，中国面临的生物安全挑战日益突显。

（一）国际生物安全形势基本背景

目前，国际生物安全形势总体上仍处于从相对温和向相对严峻转变的过渡期。具体

1　王小理. 生物安全大变局：美国生物安全形势、治理格局与可能走向. 战略前沿技术，2017-03-02.

2　Washington Headquarters Services，Research and Studies for the Office of Net Assessment.
https://www.fbo.gov/index?s=opportunity&mode=form&id=49fe559b6f75ba4b89790e2f0d703dd3&tab=core&_cview=0.2018-07-26

而言，第一，全球战略生物安全治理体系未能良性运转。联合国《禁止生物武器公约》第八次审议大会虽然取得新进展，但生物武器威胁与反生物威胁的体系性对抗活动依然存在活动空间，实施生物武器攻击的可能性不能排除反而有所增强。第二，传染病带来的威胁形势并未得到根本性转变。国际社会先后遭遇2009年H1N1大流感疫情、2014埃博拉出血热疫情、2016年寨卡疫情等，WHO在2018年提出未来多种源头的"X疾病"或将危及数百万人生命。第三，炭疽邮件事件及其余波，与生物恐怖相关的病原体种类和生物威胁源及投送方式等不确定性增加，生物恐怖行为难以根除，追踪溯源面对严峻挑战，新兴生物恐怖袭击防御难度增大，生物新技术被滥用的潜在风险升级。第四，生物安全管理体系尚存在技术和管理漏洞[3, 4]。

大国生物安全领域博弈呈现新姿态。联合国安理会两个常任理事国英国和美国先后出台生物安全战略。先是在2018年7月，在《禁止生物武器公约》2018年专家组会的前一周，英国政府发布首份《英国生物安全战略》。紧随其后，2018年9月，在发生炭疽邮件事件17周年后，特朗普政府发布了《国家生物防御战略》。这既反映出英美两国面临的生物安全威胁挑战不断提升，也反映出两国对生物安全领域的高度重视。因生物科技被视为"国家间战略竞争"的重要载体与领域，所以两份战略报告的出台体现了英美两国旨在抢占该领域的战略制高点，增强国家在生物安全领域的竞争实力。这也标志着国际生物安全战略形势已经走向新阶段[5]。

对当前国际生物安全战略形势的总体判断是：生物威胁不是偶发的，而是现实的、持久的；威胁来源不是单一的，而是多样化的；威胁范围不是局限于单一区域或部门，而是无边界、全球化的；未来的生物事件日益严重影响公众健康安全、国家安全和战略利益。

（二）国内生物安全基本形势

随着国际格局的深刻演变和中华民族复兴步伐的加速迈进，我国正处于大国博弈的中心；随着生物科技的进步和病原基因的变异，我国面临的生物安全形势也比较严峻，包括传统生物安全问题与非传统生物安全问题交织，外来生物威胁与内部监管漏洞风险并存，生物威胁防范与新型生物战暗流叠加。具体体现在：新突发传染病暴发扩散和传播威胁难以即时感知，新型生物技术误用乃至滥用难以有效管控，《禁止生物武器公约》履约谈判和履约机制话语权掌控权不足，以及面临可能的生物战和生物恐怖袭击风险增加。同时，还体现在组织运作体系、物资保障、科技支撑体系、人才体系等生物安全防御体系建设薄弱，距离安全需求仍有较大差距等。

与发达国家相比，我国对生物科技负面作用的管控体系和管控能力还有一定欠缺，有明显的内部性威胁，同时生物科技在许多战略技术方向还存在"卡脖子"现象，有隐性的外部性威胁。因此，我国生物安全的基本目标是：针对内部威胁，强化对生物科技运用潜在安全问题的综合管控能力；针对中长期外部威胁，提高生物科技的发展水平

3 贺福初，高福锁. 生物安全：国防战略制高点. 求是，2014，1：53-54.

4 柴卫东. 生物欠防备对国家安全的危害. 国际安全研究，2014，1：136-156.

5 Wang XL. Era of biological security. J Biosaf Biosec，
https://doi.org/10.1016/j.jobb.2018.12.006

及发展生物防御能力；同时，努力营造生物领域的"共同、综合、合作、可持续的安全观"，避免所谓的绝对安全。

二、生物安全关键非对称点

（一）生物安全与生物防御组织体系

生物安全是一项系统性工程，涉及复杂的协调活动，整体上从属于国家安全综合范畴，是新兴领域，各大国都比较重视，特别是美国具有丰富的生物安全相关政策体系和治理实践[6]。从20世纪40年代小罗斯福政府建立美国"进攻性和防御性生物武器"项目，到尼克松政府宣布放弃"进攻性生物武器"项目[7]，再延续到21世纪的小布什政府、奥巴马政府和特朗普政府相关生物安全（防御）政策，美国打造和构建生物安全和生物防御体系虽然有所波折和方向调整，但一直绵延不断，具备丰厚的治理遗产。特别是自2001年以来，美国三届总统积极塑造了面向21世纪的生物安全体系框架。其基本工作理念是"四位一体"，即威胁意识、预防与保护、监测与探测、应对与恢复，主要包括卫生与公众服务部负责的国家战略储备、国家灾害医疗系统、生物传感计划，国土安全部负责的生物盾牌计划、生物监测计划、大都市医疗反应系统，国防部负责的化学和生物防御项目，疾病预防与控制中心、农业部联合实施的联邦管制生物剂与毒素项目，国务院负责的全球威胁降低项目等，生物安全领域平均年度投资高达50亿美元以上[8]。巨量的预算和突发公共卫生事件医疗应对措施机制等组织安排，有力推动了众多部委和机构生物安全工作的开展，尤其是特朗普政府2018年发布的《国家生物防御战略》提出设立国家生物防御指导委员会，更强调加强顶层谋划和推动落实[9]。

与美国相比，其他国家在威胁意识、预防与保护、监测与探测、应对与恢复等建设方面存在一定差距，距离形成比较完备的国家生物防御体系还有系统短板和瓶颈环节。例如，我国在生物安全理论和制度、生物威胁监测预警、应急处置和科技支撑等方面仍然存在不少薄弱环节[10]。又如，生物安全战略领域专家稀缺，理论指导作用不突出；法规制度和组织协调体系不够完善，存在机制漏洞；生物安全监测检测覆盖面未能覆盖国家利益疆域、监测预警技术方法存在代差；缺乏长期、系统高强度经费投入，应急处置保障能力欠缺等。

（二）颠覆性生物技术发展水平

合成生物学、基因编辑、神经技术等生物科技发展将打造新的非对称优势，并带来

6　郑涛. 生物安全学. 北京：科学出版社，2014.

7　Tucker J B，Mahan E R. President Nixon's Decision to Renounce the U. S. Offensive Biological Weapons Program.

https://ndupress.ndu.edu/Media/News/Article/718029/president-nixons-decision-to-renounce-the-us-offensive-biological-weapons-progr/.Washington，DC：National Defense University Press，October 2009

8　田德桥，朱联辉，黄培堂，等. 美国生物防御战略计划分析. 军事医学，2012，36（10）：772-776.

9　The White House. National Biodefense Strategy.

https://www.whitehouse.gov/wp-content/uploads/2018/09/National-Biodefense-Strategy.pdf.2018-9-18.

10　郑涛. 生物安全学. 北京：科学出版社，2014.

新一代生物武器威胁。美国高端科技智库认为，随着生物科技的发展，未来生物危害的本质会彻底改变。2016年11月，美国总统科技顾问委员会在致总统的报告《需要采取措施保护美国免遭生物袭击》中提出目前正处于第三代生物技术发展阶段[11]。美国国防高级研究计划局的专家认为，合成生物学、基因编辑、神经技术、传染病科技等正在快速发展，"生物科技有可能从根本上改变国家安全图景"；美国科学院"合成生物学时代的生物防御"研究项目主席迈克尔·伊姆佩里尔（Michael Imperiale）强调，"美国政府应该密切关注（合成生物学）这个高速发展的领域，就像在冷战时期对化学和物理学的密切关注一样"[12]。2017年年初，俄罗斯总统普京也表示，"没有遗传学和生物学，俄罗斯就不可能保全下来"，未来6年的"最高任务"计划在遗传学和生物学等多领域实现突破。

在颠覆性技术领域，我国目前多处于跟跑状态，仅在合成生物学、神经科学等领域的极个别方向上实现国际领先。同时，西方发达国家还通过澳大利亚集团生物两用物项管控机制等措施，对我国严密封锁生物安全核心技术，对有关高等级实验室装备和配套材料严加管控。

（三）生物安全的战略目标

在此，对生物安全概念的内涵和外延做出新假定。参照俄罗斯著名学者A.沙瓦耶夫将全球性危险源分为三类的观点[13,14]，笔者认为并做出以下假定：无论来自大自然的第一类风险是否可控，一个国家的生物安全状态，实际上与该国对生物科技发展与运用的管控能力密切相关。对生物科技发展和运用管控能力都很强的国家，不仅可以顺利推动生命健康及相关产业的发展，同时也能较好地保护自己和捍卫自己的利益，使其免受任何自然和人为破坏作用的损害；相反，一个生物科技发展相对落后，或者虽然科技发展迅猛，但对其运用管控能力不足的国家，可能面临来自外部、内部威胁，导致潜在的（但不必然）生物非安全。因此，生物安全既是发展生物科技的伴生性战略目的，也可能成为大国博弈的战略工具。

美国作为科技强国，将生物科技视为国家间战略竞争的重要载体，与新兴大国进行战略竞争。《国家生物防御战略》坚持"生物威胁风险无法降低到零，但可以而且必须得到管理"的理念，提出"使用一切适当的手段来评估、理解、预防、准备、应对和恢复生物事件——无论其来源如何——对国家或经济安全的威胁"[15]。从更长周期来看，特朗普政府推出的《国家生物防御战略》符合美国主导新兴科技发展国际进程的一贯策

11　PCAST. PCAST Letter to the President on Action Needed to Protect Against Biological Attack.
https://obamawhitehouse.archives.gov/blog/2016/11/15/pcast-letter-president-action-needed-protect-against-biological-attack.2016-11-15

12　National Academies of Sciences, Engineering, and Medicine. If Misused, Synthetic Biology Could Expand the Possibility of Creating New Weapons; DOD Should Continue to Monitor Advances in the Field, New Report Says.
http://www8.nationalacademies.org/onpinews/newsitem.aspx?RecordID=24890.2018-6-19

13　阿·赫·沙瓦耶夫. 国家安全新论. 魏世举，等译. 北京：军事谊文出版社，2002.

14　郭继卫. 制生权引爆新军事革命. 中国国防报，2012-01-02.

15　The White House. National Biodefense Strategy.
https://www.whitehouse.gov/wp-content/uploads/2018/09/National-Biodefense-Strategy.pdf，2018-9-18

略，坚持发展与安全两手抓，两个方面谋取战略利益。另外，2012年普京总统曾口头宣布俄罗斯意图发展基因武器，该声明随后被从官方文本中删除[16]。

生物安全是我国总体国家安全观的重要内容。自1978年以来，西方一直是生物科技重大创新的主要策源地，并长期以来通过多种举措力求维持这种主导地位。但随着生物科技革命的深入推进，我国在发展生物科技推动经济增长、影响世界科技创新格局和安全格局的作用越来越突出，在科技领域存在竞争与合作是必然之势。

三、影响生物安全形势不确定影响因素分析

（一）"X疾病"疫情暴发

"X疾病"可从多种源头形成，包括人类制造的全新病毒、存在特定生态环境的古老病原体，或是人畜频繁接触而出现新病原体等，未来有可能因宿主、环境等行为改变而容易大流行[17]。例如，全球变暖正让更多的永久冻土融化，可能会释放出古老的病菌和病毒。无论是自发的还是再发的，蓄意制造和释放的还是实验室研制和逃逸的生物剂，如果失去控制，全球灾难性生物风险将导致更严重的损失及人员死亡，给国家政府、国际关系、经济、社会稳定及全球安全带来持续性破坏。WHO警告新一波大流行疾病随时发生，有可能在200天内导致3300万人死亡。

近年来中东呼吸综合征疫情、巴西塞卡疫情、非洲埃博拉疫情等较大规模的疫情都得到了一定程度的控制，未来只有席卷全球的疫情才可能影响国际生物安全走势。"X疾病"疫情是国际生物安全形势的重大变量之一，可能会促进国际生物安全领域的广泛合作。

（二）针对特定物种的基因武器、基因驱动技术研发成功

生物技术进步可能会诱使各国恢复生物武器计划，启动国家生物武器计划可能会引发新的冲突或重燃军备竞赛，破坏稳定的国际秩序[18]。美国军方利用昆虫携带被称为"水平环境遗传改变剂"的转基因病毒，直接在田间感染农作物并对其进行染色体编辑，使其更好地应对旱涝、病害、盐碱化等常规农业问题，也可能成为农业生物恐怖源头[19]。联合国前秘书长潘基文在2017年8月召开的联合国安理会会议指出，世界对生物武器攻击的应对能力远远不够，生物武器攻击的危险性远高于化学及放射攻击。

目前科技的发展使得在哺乳动物中首次实现"基因驱动"，基因驱动系统使变异基因的遗传概率从50%提高到99.5%，可用于清除物种[20]。由此可以判断，随着基因编辑和

---

16 刘术，周冬生. 美国《国家生物防御战略》简介与分析. 生物军控与履约，2018-09-30.

17 The World Health Organisation. 2018 annual review of the Blueprint list of priority diseases.
https：//www.who.int/blueprint/priority-diseases/en/，2018-2

18 Foreign Affairs. The New Killer Pathogens.
https：//www.foreignaffairs.com/articles/2018-04-16/new-killer-pathogens.April 2018

19 Reeves R G，Voeneky S，Caetano-Anollés D，et al. Agricultural research，or a new bioweapon system?.
Science，2018，362（6410）：35-37.

20 NIH. NIH Guidelines：Honoring the Past，Charting the Future.
https：//osp.od.nih.gov/event/nih-guidelines-honoring-the-past-charting-the-future/?instance_id=39.July 18-19，2017

基因驱动技术的发展，终极基因武器的风险正便得越来越大，是影响生物安全进程的重要不确定因素之一。

（三）生物恐怖主义活动加剧

炭疽邮件事件发生17年以来，没有哪一场生物恐怖袭击终能得逞。目前恐怖活动可能通过突发事件造成局部区域的流行病，而不能成功发动复杂的生物袭击[21]。日本邪教奥姆真理教曾经使用肉毒毒素和炭疽等病毒进行大规模试验，离致命的生物恐怖袭击就差一步；基地组织从20世纪90年代后期开始，便已经将生物恐怖主义计划纳入其训练和密谋当中。2009年，研发生物武器的恐怖分子差点引发一场局部疫情。

但未来，生物恐怖活动也可能加剧，导致生物形势发展激烈变化。例如，英国伦敦国王学院生物防御专家菲利帕·伦茨（Filippa Lentzos）表示，受限的国防研究和未被允许的攻击性研究的边界线也日益模糊，军事实验室对生物病菌的有意释放可能是最大的生物恐怖威胁[22]。因此，生物恐怖主义活动是国际生物安全形势的变量之一。

（四）恶意生物信息编辑成为新安全隐患

基因编辑工具的发展使恶意生物信息编辑变得更为容易，很可能会成为新的国际安全隐患。最令人担忧的，莫过于别有用心之人将该技术用于其他用途。美国知名合成生物学家乔治·丘奇（George Church）教授曾表示，"开展合成生物学研究的任何人都应受到监视，任何没有执照的人都应该受到怀疑"[23]。美国国家情报总监詹姆斯·克拉珀（James Clapper）在2016年全球威胁评估报告中声称"进行基因组编辑技术操作的国家所采用的法规或伦理标准不同于西方国家，因此有潜在的生产有害生物试剂或产品的可能性"[24]。而作为反面案例，南方科技大学贺建奎"免疫艾滋病的基因编辑婴儿"事件则被西方不幸言中。该事件在国际社会上引起轩然大波，全球科学家们纷纷抗议和抵制。此类事件严重损害了我国科学群体声誉和国家声誉，威胁我国在生物安全领域的话语权和规则制定，对国家安全和发展大局造成不利影响。

（五）生物国防和生物安全领域投资格局变动

从政府公共财政预算对生物科技研发投入体量来看，世界主要国家大致分为四个层级。第一层级，美国一枝独秀，年度投资体量在300亿美元以上。第二等级，以德国、英国、日本等国为代表，年度投资体量在20亿～30亿美元；我国近年来研发投入虽有

21　Brown R L. Bioterrorism Fear Accidents More than Attacks.

https：//thebulletin.org/2018/08/bioterrorism-fear-accidents-more-than-attacks/，2018-8-29.

22　Hawser A. Biology As A Weapon. Experts are concerned about terrorists using biological weapons to launch attacks. But perhaps the biggest threat is the risk posed by state actors and the accidental release of pathogens by military labs.

https：//www.defenceprocurementinternational.com/features/chemical-biological-radiological-and-nuclear/biology-as-a-weapon-feature-cbrn，2016-9-15

23　Emily Baumgaertner. As D. I. Y. Gene Editing Gains Popularity，'Someone Is Going to Get Hurt'.

https：//www.nytimes.com/2018/05/14/science/biohackers-gene-editing-virus.html.，2018-5-14

24　Clapper J R. Worldwide Threat Assessment of the US Intelligence Community.

https：//www.dni.gov/files/documents/SASC_Unclassified_2016_ATA_SFR_FINAL.pdf，2016-2-09

大幅增长，但总体上隶属第二等级。第三等级，以印度、俄罗斯、巴西、南非为代表，这些国家是人口大国，但年度投资体量在10亿美元水平或以下。其他国家/地区为第四等级，有一定体量投入[25]。据此推测，生物安全与生物防御领域投入也大致与此类似。但鉴于美国《生物防御战略》和英国《国家生物安全战略》的实施及相对集中统一的预算投入机制带动的示范效应，未来生物安全领域投资格局可能有较大变动。

（六）外交因素、国际斗争与人类命运共同体

在国际层面，围绕生物技术权利主张的团体利益冲突，围绕研究是否合规开展更严格的监管和监督，在公共安全与学术探索自由之间的争议，加上生物DIY行为不断浮现，都可能使得原有学术规范受到冷遇和肢解，国际生物科学技术共同体内部或出现一段时期的内部分化分裂现象。国际《禁止生物武器公约》《禁止化学武器公约》《生物多样性公约》《禁用改变环境技术公约》《联合国安全理事会第1540号决议》等国际公约决议履约、防范生物化学恐怖袭击、保护生物遗传资源、保护地球圈等面临可以和难以预测的挑战。国际社会围绕各类谈判，有可能因国家间新兴变革性生物技术发展参差不齐、主张大相径庭而面临新的僵局，也可能因遭遇重大事件而达成初步共识。鉴于基因编辑等生物技术的突破性进展对生物武器等重大议题的影响，外交因素将是重要影响因素。

（七）国际政治经济秩序动荡调整

伴随新科技革命发展，新兴大国正在不断调整其外交、经济和其他资源，与既有大国在太空、网络、海洋等其他具有战略价值的新边疆形成强烈的观念对峙和秩序冲突[26]。加上全球气候变化和极端天气事件，以及政治体制原因等，西方发达经济体主导的全球政治经济格局运转不灵，持续动荡。因此，生物安全，以及相关的生物科技、生物经济利益，作为新科技革命的一部分，也自然成为国际政治经济秩序调整期大国竞争博弈的重要筹码，并受其影响。

四、新问题领域与关键机遇

（一）科技进步和技术扩散

未来10～20年生物交叉技术群可能取得颠覆性突破，为生物安全带来全新的机遇和威胁。以纳米技术-生物技术-信息技术-神经技术-工程技术交叉融合为代表的NBICE技术，将超越生物自然进化速度，修改基因、创造DNA来修改微生物、植物、动物和人类的基因，赋予新的或强化的生物性状，创造全新的生物物种，研发新型生物武器。

同时，技术扩散和去中心化加快。重组细菌等所需的工具在全球都易于获取，这带来了生物会聚研发的繁荣。人工智能、个性化基因组学和生物黑客等领域相关团体或组

25　王小理. 生物科技发展与人类命运共同体塑造. 学习时报, 2018-08-01.

26　U.S. Government Accountability Office. National Security: Long-Range Emerging Threats Facing the United States As Identified by Federal Agencies. 2018-12-13.

织如雨后春笋不断出现。任何人都可以花费100美元对其基因组进行测序，也可花费更多以获得该技术进行自测[27]。反过来，技术进步也赋予生物安全防御新的能力基础，系统增强生物安全防御体系诊、监、检、消、防、治各环节能力。例如，正在使用的人工智能技术，将卫星图像、社交媒体帖子及有关疾病的在线搜索相结合，以帮助预测疫情的暴发；利用自然生物系统的再设计，用来制造药品、化学品、生物防御新材料等。

（二）未来生物化战争与威胁

生物科技将改变战争战术。预置生物武器使得战争更加隐形。耐存储生物打印系统，结合无人机和长寿命电池（如锂亚硫酰氯）和能量收集技术，可实现预置生物武器的建造及布放，这种武器在25～50年不会明显降级。这是一种颠覆性的能力，因为它可形成通常并不能轻而易举存在的生物武器，即具有几十年存储期限的预置大规模杀伤武器。该武器任务存续期达25～50年[27]。

未来生物安全防御对象更加隐形。生物科技通过对相关军事人员进行身份替换、意识转换，通过精确影响特定参战对象、生态微环境或者削弱受影响武器装备的性能，赋予既有的陆海空核磁战争空间新的内涵，并开辟更具隐蔽性的各种未来战场的"盗梦空间"，将战争化为隐形、隐性的潜伏战、持久战、超限战。墨菲定律指出，只要客观上存在危险，那么危险迟早会变为不安全的现实状态。未来战争即有可能从极端复杂的自然、生态环境角落打起，也有可能从日常人类的生产生活发起，形成技术突袭和战争偷袭[28]。

（三）网络生物安全兴起

利用敏感生物数据将可能对个人、组织和国家产生严重的经济、政治、健康和社会危害，生物信息（数据）安全或者网络生物安全兴起并成为国家生物安全的一部分[29]。美国国防大学大规模杀伤性武器研究中心《生物的虚拟化：理解新的风险及其对治理的意义》研究报告对这一问题作了清晰描述[30]。该报告指出，类似"震网"这样的计算机病毒入侵生物实验室的计算机控制设备，将造成灾难场景。克雷格·文特尔研究所证明，合成基因组能够携带编码网址和隐藏信息，计算机将DNA样本转译为数字文件时就可能触发恶意软件；而恶意第三方可以利用基因编辑软件和基因数据库来设计或重建烈性传染病的病原体，入侵生物实验室的数据库并篡改数据或自行设计以破坏为目标的新DNA分子。没有网络信息安全，就没有国家安全。网络生物安全未来将是一类不可忽视的新兴生物安全类型。

（四）生物技术研发两用政策与治理

对生物技术的两用性必须保持清醒和警惕。生物技术的社会效应正在显现，伦理、

27　申淼. 美陆军开展科技创新构想虚拟推演竞比活动. 国防科技要闻，2018-12-03.

28　王小理. 美国出台《合成生物学时代的生物防御》——军事生物科技发展再提速. 解放军报，2018-09-14.

29　Murch R S，So W K，Buchholz W G，et al. Cyberbiosecurity: an emerging new discipline to help safeguard the bioeconomy. Front Bioeng Biotechnol，2018，6（39）：1-6.

30　Bajema N E，DiEuliis D，Lutes C，et al. The Digitization of Biology: Understanding the New Risks and Implications for Governance. July 2018.

法律和环境问题越发突出。国际经验表明,谁能率先在生物技术两用政策和治理方面形成示范,谁就能占据道德制高点并立于不败之地。美国作为生物技术强国,一直走在生物安全立法前列,持续加强其法规体系和治理体系。20世纪70年代基因工程兴起后,美国在1976年率先推出了《美国国立卫生研究院关于重组或合成核酸研究准则》[31]。自2010年以来,美国政府加强生物技术研究开发阶段的政策引导与管理,先后发布了《加强实验室生物安全和生物安保》备忘录,以及《美国政府生命科学两用研究监管政策》《美国政府对生命科学两用研究的机构监管政策》《关于潜在大流行病原体管理和监督审查机制的发展政策指南建议》等,力图保持生物技术研发处于相对良性轨道,在国际社会上营造"合规"氛围和发展话语权。因此,生物技术研发必须根据形势发展演变,积极适应未来社会伦理舆论环境,及时制定并实施科学合理严密规范的政策,避免技术恐慌、伦理争议和国际争议,避免被生物技术反噬、发展进程受操控和其他严重后果。

五、未来10~20年我国生物安全形势:3种想定

(一)想定1:我国生物安全形势基本可控

第一种可能的情形是国家生物安全形势基本可控,但整体不够主动。具体情境是:传统生物安全领域得到较好治理但在特定条件下可能卷土重来,同时面临比较棘手的网络生物安全、基因驱动物种控制等新兴生物安全领域问题,在国际生物安全规则制定方面有一定话语权但影响面有限,国际社会地位摇摆不定,未来发展受到较大制约。但在人工智能、网络、气候变化等领域具备一定的抗衡能力,保持一定的战略均势。

主要路径:国家战略上比较重视,但对科技发展和生物安全形势过于乐观,虽然维持一定或较高额度的生物安全公共投资,但在政策协调、组织管理、内政外交和国防方面存在薄弱环节,不能平衡多方利益团体权利主张,生物科技发展步伐不能达到引领状态,生物安全防御体系存在短板,处于路径锁定状态,难于有效抵御潜在生物威胁。一旦发生重大生物安全事件,虽然能有效管控,但将影响国家正常经济社会秩序。

(二)想定2:我国生物安全形势极其严峻,面临生物战威胁

第二种可能的情形是国家生物安全形势总体恶化,处于生物超限战的边缘。具体情境是:国内不时出现不明原因的重大传染病疫情、网络生物安全重大事故,生物技术谬用事件不时发生并引发国际社会的关注及谴责,国际上生物安全相关公约谈判及履约失去话语权,重大国际事务上受制于人,生物安全管理体系陷入困境,经济社会发展遭受重创,军事国防存在较大漏洞,面临生物超限战威胁,国际地位严重受影响或可能一落千丈。

主要路径:发达国家生物科技变革突然加速并将生物科技作为战略竞争的筹码;我

---

31 李建军,唐冠男. 阿希洛马会议:以预警性思考应对重组DNA技术潜在风险. 科学与社会,2013,3(2):98-109.

国生物安全与生物防御组织管理体系、生物两用政策跟不上生物科技进步与技术扩散的速度，在新兴技术领域基本处于跟跑状态，导致在战略竞争和各领域针锋相对态势下，丧失对颠覆性生物技术发展的掌控权，技术的负面效应全面暴露。

（三）想定3：我国生物安全形势良好

第三种可能的情形是国家生物安全形势总体良好。具体情境是：重大新发突发传染病、生物恐怖袭击、生物武器威胁、生物技术滥用、实验室生物安全保障、特殊人类遗传资源等得到全面管控，全面融入国际生物安全相关公约谈判及履约进程，并具有较高的话语权，积极参与维护国际特定区域生物安全事务，展示负责任大国形象。

主要路径：战略上高度重视，将生物安全和生物防御视为战略必争领域，精准判断科技发展和安全形势，在公共财政投入、生物安全与防御组织管理体系建设、生物两用政策等方面积极谋划和作为，并动员国内、国际和社会各类资源形成合力，从而沉着应对新兴生物安全领域的挑战和国际战略竞争，逐步压缩各类生物风险空间，国内生物安全得到全面治理，积极融入国际安全治理体系并有重大作为。

六、结论与展望

本文基于净评估的基本理念，通过简要剖析国内外生物安全形势、辨别关键非对称点和相关影响因素、未来新问题与机遇，提出了未来10～20年三种可能发生的生物安全场景并予以情景推演。最终确定出影响未来生物安全形势的4个关键因素，即新一轮科技进步、生物安全与防御组织管理体系、战略意志和战略谋划、以网络生物安全为代表的新兴生物安全及管控，以及2个次关键因素，即科技外交运筹与生物两用政策。

鉴于新一轮科技变革的不确定性，以及组织管理体系建设等需要较长周期才能发挥应有效果，在未来5～10年，我国生物安全形势可能处于第一种情形，即我国生物安全形势基本可控。而对于未来10～20年更加可能的走势，则需要对上述6个因素中的战略意志、战略谋划、新兴生物安全管控和科技外交运筹进行精细分析。受限于相关政策和数据缺乏等，目前还不能有较明确的判断。但有理由预期，我国目前正在推进的国家治理体系和治理能力现代化，有望系统改观上述因素，从而促使我国生物安全形势向第三种情形演化。

需要注意的是，本文仅作为净评估在国家安全特定领域运用的一种初步尝试，在许多方面还存在缺憾。例如，国际上开展生物战净评估多年，实际效果如何；随着战略环境的演变和安全威胁的多样化，生物安全形势与生物科技发展在世界政治经济秩序调整中究竟该占多大比重，能否经得起动荡考验；社会蕴含的生物防御潜能，国内外差距如何；主要分析因素依赖定性判断而缺乏定量评估是否经得起推敲；等等。诸如此类的问题还有很多。而错误的风险评估比风险本身更致命。因此，在研究立意、研究方法、研究素材、研究结论验证等方面，后面还需更多科学、严谨的工作。

（中国科学院上海生命科学研究院　王小理；
中国人民解放军战略支援部队信息工程大学　闫桂龙）

第二十章

我国人类遗传资源管理

人类遗传资源是指含有人类基因组、基因及其产物的器官、组织、细胞、核酸、核酸制品等资源材料及其产生的信息资料，是进行人类健康相关研究的不可替代资源[1]。我国人口众多，历史悠久，拥有丰富的人类遗传资源，有效保护和合理利用人类遗传资源，严格监管并防止我国人类遗传资源流失，对于维护国家安全、保护人民健康都具有十分重要的意义。

一、人类遗传资源管理法律法规

（一）《人类遗传资源管理暂行办法》

人类遗传资源是核心战略资源，是生命科学前沿研究和技术发展的重要基础，关乎国家安全。经国务院同意，1998年6月国务院办公厅转发了《人类遗传资源管理暂行办法》（以下简称《暂行办法》）[2]。该《暂行办法》分总则、管理机构、申报与审批、知识产权、奖励与处罚及附则6章共26条，由国务院科学技术行政主管部门、卫生行政主管部门负责解释。《暂行办法》对有效保护和合理利用我国人类遗传资源发挥了积极作用。

（二）《人类遗传资源管理条例》

随着形势发展，《暂行办法》已显现出诸多不适应性。我国人类遗传资源面临流失风险，大批我国人类遗传资源非法外流现象屡屡发生。此外，人类遗传资源国际合作项目存在管理体系不健全、中方单位忽视权益分享等状况，导致我国人类遗传资源流失，并引发负面社会效益。相关管理工作因法律依据缺乏而受到影响。为进一步规范我国遗传资源的保护和利用，2005年起，科技部会同卫生部开展了《人类遗传资源管理条例》（以下简称《条例》）[3]的起草工作。2012年10月，公布了《条例（征求意见稿）》并公开征求意见。《条例（征求意见稿）》规定，任何组织和个人不得从事可能产生歧视后果的人类遗传资源研究开发活动，不得买卖或者变相买卖人类遗传资源材料。2019年5月，《中华人民共和国人类遗传资源管理条例》正式发布。

---

1 http://www.casad.ac.cn

2 http://www.gene.gov.cn/news/7643806.html

3 http://www.most.gov.cn/bszn/new/rlyc/wjxz/200512/t20051226_55327.html

（三）《人类遗传资源采集、收集、买卖、出口、出境审批行政许可事项服务指南》

2015年，为加强我国人类遗传资源管理，保障我国人类遗传资源安全，科技部对原人类遗传资源行政许可进行了规范和完善，经中央编办批准，该项行政许可更名为"人类遗传资源采集、收集、买卖、出口、出境审批"。2015年10月，科技部正式受理更名后的行政许可审批，原"涉及人类遗传资源的国际合作项目审批"已纳入更名后的行政许可。在此基础上，科技部细化制定了《人类遗传资源采集、收集、买卖、出口、出境审批政许可事项服务指南》，严格开展人类遗传资源管理行政审批工作[4]。

二、我国人类遗传资源管理工作

（一）建立人类遗传资源管理工作协调小组

为贯彻落实国务院领导关于加强人类遗传资源管理的批示精神，促进人类遗传资源管理相关部门沟通交流，形成人类遗传资源管理工作合力，进一步规范"人类遗传资源采集、收集、买卖、出口、出境审批"行政许可工作，2015年6月，成立由科技部牵头，外交部、教育部、公安部、安全部、商务部、卫生计生委、海关总署、质检总局、国家食品药品监督管理总局和总后卫生部10个部委共同参与的人类遗传资源管理工作协调小组，采取部门联动、地方配合、专家咨询等多种方式，对进一步强化我国人类遗传资源管理、保护和利用我国人类遗传资源、促进生物医药科技和产业发展、维护国家生物安全等具有重要意义。

（二）公布人类遗传资源行政处罚信息

为有效保护和合理利用我国人类遗传资源，严格监管对于违法、违规开展涉及我国人类遗传资源的相关活动予以处罚。自2015年以来，科技部依据《暂行办法》和《中华人民共和国行政处罚法》的要求，对华大基因、药明康德、艾德生物、复旦大学附属华山医院、阿斯利康、坤皓睿诚6家单位违法违规开展人类遗传资源活动进行了行政处罚。为进一步落实行政处罚公正、公开的原则要求，2018年10月，科技部在其网站主页将前期下达的6份行政处罚决定书全文一并进行了公示，这是科技部首次在官网公布人类遗传资源行政处罚信息。科技部公布的6份行政处罚信息，实际上涉及3起违规案件。2015年，华大基因和复旦大学附属华山医院未经许可，与英国牛津大学开展我国人类遗传资源的国际合作研究，科技部勒令其停止研究，停止涉及我国人类遗传资源的国际合作，整改验收合格后方可再行开展；2016年，药明康德未经许可将5165份人类遗传资源（人血清）作为犬血浆违规出境，科技部决定暂停受理药明康德涉及我国人类遗传资源的国际合作和出境活动申请，整改验收合格后再予以恢复；2018年，阿斯利康未经许可，将已获批项目的剩余样本转运至艾德生物和坤皓睿诚，开展超出审批范围的科研活动，这3家机构均被科技部警告处分，没收并销毁违规利用的人类遗传资源材料。

4　http://www.most.gov.cn/kjbgz/201701/t20170116_130506.html

（三）优化人类遗传资源行政审批流程

为贯彻落实《国务院关于规范国务院部门行政审批行为改进行政审批有关工作的通知》[5]和《中共中央办公厅 国务院办公厅印发<关于深化审评审批制度改革鼓励药品医疗器械创新的意见>的通知》精神，科技部研究制定了针对为获得相关药品和医疗器械在我国上市许可，利用我国人类遗传资源开展国际合作临床试验的优化审批流程。新的审批流程中优化的内容主要包括鼓励多中心临床研究设立组长单位，一次性申报；临床试验成员单位认可组长单位的伦理审查结论，不再重复审查；具有法人资格的合作双方共同申请；调整提交伦理审查批件、国家食品药品监督管理总局出具的临床试验批件的时间，由原来的在线预申报时提交延后至正式受理时提交；取消省级科技行政部门或国务院有关部门科技主管单位盖章环节等方面。优化审批流程于2017年10月正式发布，目的是进一步加强我国人类遗传资源行政审批管理，提高审批效率，切实保护我国人类遗传资源。

（四）举办人类遗传资源管理培训班

科技部连年举办全国人类遗传资源管理工作培训班，各省、自治区、直辖市及计划单列市科技厅（委、局）、新疆生产建设兵团科技局有关工作负责人，人类遗传资源管理工作协调小组部门成员单位代表，相关科研院所、高等学校、企业及药物临床试验机构等单位工作人员参加培训。

培训内容覆盖人类遗传资源管理相关工作，课程设置包括：人类遗传资源管理办公室对我国人类遗传资源管理现状与趋势，以及人类遗传资源行政许可申报流程模式进行解读；科技部政策法规与监督司、海关总署监管司、食品药品监督管理总局药化注册司就人类遗传资源管理工作进行讲解；人类遗传资源领域专家对生物领域技术发展趋势和人类遗传资源在生命科学研究中的价值和意义进行讲授。培训期间，还召开省级科技主管部门代表座谈会及有关企业、医疗机构、医药研发合同外包服务机构代表座谈会。与会人员还通过案例解析、互动问答等方式就人类遗传资源申请项目进行了交流分享。

三、人类遗传资源管理未来发展前景

2018年10月，恰逢我国《人类遗传资源管理暂行办法》出台20年，科技部中国生物技术发展中心在北京召开"人类遗传资源开发创新研究高层论坛"，中国科学院、中国工程院、北京大学、复旦大学等单位专家就人类遗传资源管理未来发展前景进行了讨论。

北京大学常务副校长詹启敏院士指出，长期以来，公众对健康的理解是疾病的诊断和治疗，但是目前的健康不再是简单地谈疾病诊断治疗，而是全方位、全生命周期关注健康。"现在没有一个药物可以包打天下，任何药物都针对特定人群，这就是生物多样性。科技创新正在推动医学进步，包括优化医学决策，未来健康管理需要应用先进手

5　http://www.gov.cn/zhengce/content/2015-02/04/content_9454.htm

段，人类遗传资源的管理更新需要科技创新的支撑。"

中国科学院赵国屏院士表示，我国发展医疗生物技术和制药工业，应认真收集人类遗传资源，积极开展研究工作，特别是注重相关数据和信息的整合管理及交互共享，我国要有自己的基因组和生物医学大数据核心技术中心及设施，服务全国人民和科研与产业机构，形成自主知识产权成果，支撑"健康中国"的战略部署。

中国科学院动物研究所所长周琪院士呼吁，未来基于人类遗传资源各个学科和领域的科学、技术、转化和应用都将迎来快速发展期，带来的挑战和压力也前所未有。应该把人类遗传资源的管理延伸到科研和生产的全链条当中，成立更加权威、高效的评估机构，提高行政审批效率，加强事中、事后监管。

人类遗传资源就如同人类的"生命说明书"，是孕育尖端生物科学技术的宝库，是认知和掌握疾病发生发展的基础资料，也是推动疾病预防干预策略的开发、促进人口健康的重要保障，已经成为国家重要的战略资源。加强对人类遗传资源的管理，在资源保护管理及开发利用方面建立良好、恰当的平衡，将对有效保障国家安全和种族安全至关重要。

（军事科学院军事医学研究院　张　音）

第二十一章

我国高等级生物安全实验室的建设与管理

高等级生物安全实验室（指生物安全三级和四级实验室）不仅是国家生物防御体系的基础支撑平台，也是人类健康和动物疫病防治领域开展科研、生产和服务的重要保障条件。我国生物安全实验室建设与管理起步较晚，2003年严重急性呼吸综合征（severe acute respiratory syndrome，SARS）暴发后，我国开始大力发展生物安全设施建设，对生物安全实验室实行统一管理并制定相关管理规范。本文将对我国高等级生物安全实验室的建设与管理情况进行探讨，以供从事相关领域研究和管理的专家参考。

一、我国生物安全实验室建设

截至2018年年底，我国已建成近百个高等级生物安全实验室，其中有59个高等级生物安全实验室通过了中国合格评定国家认可委员会（China National Accreditation Service for Conformity Assessment，CNAS）认可，包括3个生物安全四级实验室和56个生物安全三级实验室（图21-1）。

（一）生物安全四级实验室建设情况

1. 中国科学院武汉病毒研究所武汉国家生物安全（四级）实验室

武汉国家生物安全（四级）实验室是我国第一个建成和使用的四级实验室。该实验室是纳入中法两国政府间合作协议框架的重人科技合作项目，由中法双方设计单位合作完成设计，中国建设单位完成实验室建设和主要设施设备安装。多年来，在国家发改委、中科院、卫健委、科技部等国家部委，以及湖北省、武汉市、江夏区各级政府的高度关注和大力支持下，武汉病毒研究所生物安全四级实验室完成了相关建设任务并已于2017年1月获得国家认可证书。

武汉国家生物安全（四级）实验室位于武汉市江夏区的中科院武汉病毒所郑店园区内。整个实验室呈悬挂式结构，共分为4层。从下自上，底层是污水处理和生命维持系统；第二层是核心实验室；第三层是过滤器系统；二层和三层之间的夹层是管道系统；最上一层是空调系统。所有一层、三层、四层、夹层均是为了保证二层核心实验室的正常运行，保证实验室里面是单向气流，是一个负压状态。300多平方米的二楼核心实验

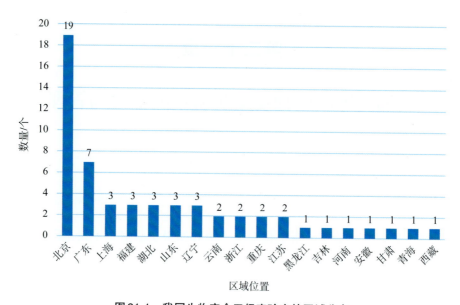

图21-1　我国生物安全三级实验室的区域分布

注：统计数据未包括香港特别行政区、澳门特别行政区和台湾省的数据

室区域分为3个细胞实验室、2个动物实验室、1个动物解剖室、消毒室等[1]。

武汉国家生物安全（四级）实验室具有三大功能，即我国传染病预防与控制的研究和开发中心、烈性病原的保藏中心和联合国烈性传染病参考实验室。该实验室作为我国生物安全实验室平台体系中的重要区域节点，在国家公共卫生应急反应体系和生物防范体系中发挥核心作用[2]，对增强我国应对重大新发、突发传染病预防控制能力，提升抗病毒药物及疫苗研发等科研能力起到基础性、技术性的支撑作用[3]。

2. 中国农业科学院哈尔滨兽医研究所国家动物疫病防控高级别生物安全实验室

国家动物疫病防控高级别生物安全实验室依托于中国农业科学院哈尔滨兽医研究所。该研究所成立于1948年，为兽医生物技术国家重点实验室和中国农业科学院研究生院兽医学院依托单位；所辖实验室分别被指定为国家禽流感参考实验室、联合国粮农组（Food and Agriculture organization，FAO）动物流感参考中心、世界动物卫生组织（Office International Des Epizooties，OIE）禽流感参考实验室、OIE马传贫参考实验室、OIE鸡传染性法氏囊病参考实验室及OIE亚太区人兽共患病区域协作中心[4]。

国家动物疫病防控高级别生物安全实验室于2004年立项，2015年12月建成并通过工程验收[5]，2018年7月获得国家认可证书。该实验室可开展包括马、牛、羊、猪、禽类及鼠、猴等常规实验动物在内的所有动物感染试验，针对烈性传染病防控开展相关研

1　http：//www.whiov.cas.cn/xwdt_105286/kydt/201502/t20150204_4308954.html

2　http：//www.nhc.gov.cn/qjjys/s3590/201801/90502af790884777b2844ad7dc8c4c2f.shtml

3　http：//www.whiov.ac.cn/xwdt_105286/zhxw/201702/t20170223_4749918.html

4　http：//www.hvri.ac.cn/zjhsy/yjsjj/index.htm

5　http：//www.xinhuanet.com/2018-08/07/c_1123237175.htm

究，为保障养殖业健康、维护公共卫生安全，发挥关键平台支撑作用[6]。

3. 国家昆明高等级生物安全灵长类动物实验中心

国家昆明高等级生物安全灵长类动物实验中心依托于中国医学科学院医学生物学研究所建设。该研究所建于1958年，集医学科学研究和生物制品研制生产为一体[7]，是北京协和医学院（清华大学医学部）硕士和博士学位授予点，并获批"世界卫生组织肠道病毒参考研究合作中心"。

国家昆明高等级生物安全灵长类动物实验中心（ABSL-3/ABSL-4）由中国医学科学院进行监督并负责行政管理，于2018年12月获得国家认可证书。该实验室位于云南省昆明市西山区玉案山西侧，远离人口密集居住区，海拔约2200米。中国医学科学院医学生物学研究所目前主要从事医学病毒学、免疫学、分子生物学技术、医学遗传学、分子流行病学，以及以灵长类动物为主的实验动物及动物实验技术的基础和应用研究，进行疫苗、免疫制品和基因工程产品的规模化生产。

（二）生物安全三级实验室建设情况

截至2018年年底，我国各地区共计有56个生物安全三级实验室通过CNAS认可，在这些生物安全三级实验室中，卫生部门实验室有44家，农业部门实验室有12家，遍布疾控系统（33个）、科研院所（14个）、高校（7个）和海关（1个）等行业，主要分布在北京（19个）、广东（7个）、湖北（3个）、上海（3个）、山东（3个）、辽宁（3个）、福建（3个）、江苏（2个）、浙江（2个）、重庆（2个）、云南（2个）、哈尔滨（1个）、吉林（1个）、青海（1个）、兰州（1个）、西藏（1个）、河南（1个）、安徽（1个）等地（图1）。从地域分布来看，高等级生物安全实验室建设已基本实现全局覆盖，但仍然在局部地区有所欠缺。高等级生物安全实验室集中分布在我国东部地区，今后应加强在中西部地区的发展。

二、我国生物安全实验室管理

20世纪90年代后期，我国参考美国CDC和NIH的《微生物和生物医学实验室生物安全》，以及WHO的《实验室生物安全手册》，于2000年完成送审稿，2002年经卫生部批准颁布了我国实验室生物安全领域第一个行业标准《微生物和生物医学实验室生物安全通用准则》（WS 233-2002）[8]。随着2004年《病原微生物实验室生物安全管理条例》的颁布与实施，我国生物安全实验室管理逐渐走上法制化、标准化轨道。

（一）法律法规

2004年8月，我国修订了《中华人民共和国传染病防治法》，其中第二十二条规定："疾病预防控制机构、医疗机构的实验室和从事病原微生物实验的单位，应当符合国家

6　http://www.most.gov.cn/kjbgz/201808/t20180815_141267.htm

7　http://www.imbcams.ac.cn/

8　中华人民共和国卫生部. 微生物和生物医学实验室生物安全通用准则（WS 233-2002）. 2002.

9　中华人民共和国. 中华人民共和国传染病防治法. 2004.
　　http://www.gov.cn/banshi/2005-08/01/content_19023.htm

规定的条件和技术标准，建立严格的监督管理制度，对传染病病原体样本按照规定的措施实行严格监督管理，严防传染病病原体的实验室感染和病原微生物的扩散。"

2004年11月，温家宝总理签发中华人民共和国国务院第424号令，发布并施行《病原微生物实验室生物安全管理条例》[10]，对病原微生物的分类和管理、实验室的设立与管理、实验室感染控制、监督管理，以及法律责任等做出了总体规定。该条例分别于2016年和2018年进行了两次修订，修改了对高致病性病原微生物科研项目审批和三级、四级实验室资格的要求。

2001年5月我国公布施行《农业转基因生物安全管理条例》，对转基因试验与研究操作、生产加工等过程中可能发生的安全问题进行了明确规定。农业部于2002年发布、2004年修订的《农业转基因生物安全评价管理办法》还对转基因中间试验、环境释放和生产性试验的控制措施都做了详细的规范。

（二）部门规章

《病原微生物实验室生物安全管理条例》颁布以后，我国科技、环境保护、农业和卫生等主管部门相继出台了针对实验室生物安全管理的部门规章。

科技部对新建、改建、扩建三级、四级实验室或者生产、进口移动式三级、四级实验室进行审查，于2011年科技部第15号令发布了《高等级病原微生物实验室建设审查办法》[11]，规定了具体的申请和审查要求及流程。为进一步做好高等级病原微生物实验室建设审查工作，提高行政许可审批效率，根据2018年7月16日科技部第18号令对2011年公布并施行的《高等级病原微生物实验室建设审查办法》进行修改，从而明确了实验室建设的申请条件和流程、审查制度和程序等。

环境保护部在2006年公布并施行《病原微生物实验室生物安全环境管理办法》[12]，规定了实验室污染控制标准、环境管理技术规范和环境监督检查机制。

农业部在2003年发布《兽医实验室生物安全管理规范》[13]，规定了兽医实验室生物安全防护的基本原则、实验室的分级、各级实验室的基本要求和管理；2005年公布并施行《高致病性动物病原微生物实验室生物安全管理审批办法》[14]，规定由农业部主管、县级以上地方人民政府兽医行政管理部门负责本行政区域内高致病性动物病原微生物实验室生物安全管理工作；2005年公布并施行《动物病原微生物分类名录》[15]，对动物病原微生物进

10　中华人民共和国国务院. 病原微生物实验室生物安全管理条例. 2004.
http://news.xinhuanet.com/zhengfu/2004-11/29/content_2271255.htm
11　中华人民共和国科学技术部. 高等级病原微生物实验室建设审查办法. 2011.
http://www.most.gov.cn/mostinfo/xinxifenlei/fgzc/bmgz/201107/t20110727_88572.htm
12　中华人民共和国国家环境保护总局. 病原微生物实验室生物安全环境管理办法. 2006.
http://www.sepa.gov.cn/info/gw/juling/200603/t20060308_74730.htm
13　中华人民共和国农业部. 兽医实验室生物安全管理规范. 2003.
http://www.cqadc.cn/Html/2007-6-8/2_2003_2007-6-8_2449.html
14　中华人民共和国农业部. 高致病性动物病原微生物实验室生物安全管理审批办法. 2005.
http://www.moa.gov.cn/zwllm/zcfg/qtbmgz/200601/t20060124_542529.htm
15　中华人民共和国农业部. 动物病原微生物分类名录. 2005.
http://www.moa.gov.cn/zwllm/zcfg/qtbmgz/200601/t20060124_542528.htm

行分类，又于2008年发布并施行《动物病原微生物实验活动生物安全要求细则》[16]，对《动物病原微生物分类名录》中10种第一类病原体、8种第二类病原体、105种第三类病原体不同实验活动所需的实验室生物安全级别及病原微生物菌（毒）株的运输包装要求进行了规定；2008年发布、2009年施行《动物病原微生物菌（毒）种保藏管理办法》[17]，规定农业部主管、县级以上地方人民政府兽医主管部门负责本行政区域内的菌（毒）种和样本保藏监督管理工作，国家对实验活动用菌（毒）种和样本实行集中保藏，保藏机构以外的任何单位和个人不得保藏菌（毒）种或者样本；2010年颁布农业行业标准《兽医实验室生物安全要求通则》（NY/T1948－2010）[18]，规定了兽医实验室生物安全管理体系建设和运行的基本要求、应急处置预案编制原则，以及安全保卫、生物安全报告和持续改进的基本要求。

卫生部在2006年发布《人间传染的病原微生物名录》[19]，对人间传染的病毒类、细菌类、真菌烊类的危害程度进行了分类，规定了不同实验活动所需生物安全实验室的级别和病原微生物菌（毒）株的运输包装分类；2006年发布并施行《可感染人类的高致病性病原微生物菌（毒）种或样本运输管理规定》[20]，对运输高致病性病原微生物菌（毒）种或样本进行规范化管理；2006年发布并施行《人间传染的高致病性病原微生物实验室和实验活动生物安全审批管理办法》[21]，明确生物安全实验审批和管理制度；2009年发布并施行《人间传染的病原微生物菌（毒）种保藏机构管理办法》[22]，规定了保藏机构的职责、指定、保藏活动、监督管理与处罚等。

（三）标准规范

我国生物安全实验室管理规范包括国家标准，如《实验室生物安全通用要求》（GB19489，2004版，2008版）[23]、《移动式实验室生物安全要求》（GB 27421—2015）[24]和

16　中华人民共和国农业部. 动物病原微生物实验活动生物安全要求细则. 2008.
http://www.cqadc.cn/Html/2009_2_17/2_2003_2009_2_17_25048.html
17　中华人民共和国农业部. 动物病原微生物菌（毒）种保藏管理办法. 2008.
http://www.moa.gov.cn/zwllm/zcfg/nybgz/200812/t20081209_1187104.htm
18　中华人民共和国农业部. 兽医实验室生物安全要求通则（NY/T1948－2010）. 北京：中国农业出版社，2010.
19　中华人民共和国卫生部. 人间传染的病原微生物名录. 2006.
http://www.moh.gov.cn/uploadfile/200612792454268.doc
20　中华人民共和国卫生部. 可感染人类的高致病性病原微生物菌（毒）种或样本运输管理规定. 2006.
http://www.moh.gov.cn/publicfiles/business/htmlfiles/mohbgt/pw10602/200804/27546.htm
21　中华人民共和国卫生部. 人间传染的高致病性病原微生物实验室和实验活动生物安全审批管理办法. 2006.
http://www.moh.gov.cn/publicfiles/business/htmlfiles/mohbgt/pw10609/200804/20468.htm
22　中华人民共和国卫生部. 人间传染的病原微生物菌（毒）种保藏机构管理办法. 2009.
http://www.moh.gov.cn/publicfiles/business/htmlfiles/mohbgt/s9511/200907/42074.htm
23　中华人民共和国国家技术监督检验检疫总局，中国国家标准化管理委员会. 实验室生物安全通用要求（GB 19489-2008）. 北京：中国标准出版社，2008.
24　中华人民共和国国家技术监督检验检疫总局，中国国家标准化管理委员会. 移动式实验室生物安全要求（GB 27421-2015）. 北京：中国标准出版社，2015.

《生物安全实验室建设技术规范》（GB50346，2004版，2011版）[25]，以及行业标准、地方标准等。

《实验室生物安全通用要求》（2004版）规定了实验室生物安全管理和实验室的建设原则，同时还规定了生物安全分级、实验室布局、实验室设施设备的配置、个人防护和实验室安全行为的要求；《实验室生物安全通用要求》（2008版）修订了2004版中的实验室设计原则、设施和设备的部分要求，制定和增加了风险评估和风险控制的要求，修订了对实验室设计原则、设施和设备的部分要求等。《实验室生物安全通用要求》是我国首个关于实验室生物安全的国家标准，也是我国实验室生物安全强制执行的实验室生物安全认可的国家标准，并且于2018年还发布了英文版。

《移动式实验室》规定了对一级、二级和三级生物安全防护水平移动式实验室的设施、设备和安全管理的基本要求，但不包括对移动式生物安全四级实验室和开放或半开放饲养动物的生物安全三级实验室的要求。同时针对与感染动物饲养相关的实验室活动，《移动式实验室》规定了对移动式实验室内动物饲养设施和环境的基本要求，其中部分内容适用于相应防护水平的动物生物安全移动式实验室。此外，《移动式实验室》适用于涉及生物因子操作的移动式实验室。

《生物安全实验室建设技术规范》是我国生物安全实验室建设的技术标准，2004版规定了生物安全实验室建筑平面、装修和结构的技术要求；实验室的基本技术指标要求；实验室空气调节与空气净化的技术要求；实验室给水排水、气体供应、配电、自动控制和消防设施设置的原则；实验室施工、检测和验收的原则、方法。在多年实践基础上，2011版增加了生物安全实验室的分类及相应类别的技术指标，对三级和四级生物安全实验室的供电、严密性、过滤器消毒和检漏、污物处理系统的消毒灭菌效果验证等要求进行了修订，使标准更趋完善。

此外，还有不同行业制定的关于生物安全实验室的行业标准。如卫生系统的《人间传染的病原微生物菌（毒）种保藏机构设置技术规范》（WS 315-2010）[26]，农业系统的《兽医实验室生物安全要求通则》（NY/T 1948-2010）[27]，认证认可系统的《实验室设备生物安全性能评价技术规范》（RB/T 199-2015）[28]、《移动式生物安全实验室评价技术规范》（RB/T 142-2018）[29]等。

（军事科学院军事医学研究院　王中一　陆　兵；

中国合格评定国家认可委员会　王　荣）

25　中华人民共和国建设部，国家质量监督检验检疫总局. 生物安全实验室建筑技术规范（GB 50346-2011）. 北京：中国建筑工业出版社，2011.

26　中华人民共和国卫生部. 病原微生物菌（毒）种保藏机构设置技术规范（WS315-2010）. 2010. http://www.nhfpc.gov.cn/fzs/s7852d/201004/3a8a3b0963fe461ea2d6ef079aba04ce.shtml

27　中华人民共和国农业部. 兽医实验室生物安全要求通则（NY/T1948-2010）. 北京：中国农业出版社，2010.

28　中国国家认证认可监督管理委员会. 实验室设备生物安全性能评价技术规范（RB/T 199-2015）. 北京：中国标准出版社，2015.

29　中国国家认证认可监督管理委员会. 移动式生物安全实验室评价技术规范（RB/T 142-2018）. 北京：中国标准出版社，2018.